GUOJIA ZIRAN KEXUE JIJIN
GUIZHANG ZHIDU HUIBIAN

国家自然科学基金规章制度汇编

国家自然科学基金委员会　编

序

党的十八届四中全会提出全面推进依法治国的总目标，对科学基金法治建设提出了新的要求。长期以来，科学基金十分重视立法工作，为科学基金的规范管理提供了重要的支撑和保障。2007 年，国务院颁布实施《国家自然科学基金条例》，我委随后制定了管理办法体系建设的总体规划。管理办法体系主要包括组织管理办法、程序管理办法、经费管理办法和监督保障管理办法等四个部分。科学基金立法过程十分注重程序的规范，每部办法都经历了草案起草、立法工作小组研讨、征求委内外专家意见、领导小组审议以及委务会审批等环节。一些重要的管理办法在征求意见环节中还增加了法律专家论证会议、网上征求社会各界意见等程序。我委负责立法工作的同志历时多年，为管理办法体系的建设付出了辛勤的劳动，在确保立法质量、遵循立法程序的前提下，已基本完成了科学基金管理办法体系所列的各项立法任务，形成了内容科学、程序严密、配套完备的科学基金管理办法体系，为科学基金规范管理提供了更加明确的制度坐标，对全面提升科学基金依法行政水平和能力具有标志性意义。

本书汇编了科学基金已颁布实施的管理办法，同时还收录了部分与科学基金管理相关的法律法规以及规范性文件、政策性文件。我相信，本书的出版将有助于广大科技工作者全面了解和掌握科学基金法律制度，有助于申请人和受资助者熟悉科学基金项目管理要求与程序，增强依法办事、依法行使监督权的法律意识。同时，本书的出版必将总体上有力推进科学基金法治工作，营造尊重法律、遵守法律和实施法律的良好法治环境，为科学基金事业持续、健康发展提供坚实保障。

国家自然科学基金委员会主任 

目　　录

第一部分　国家自然科学基金管理办法体系

第二部分　科学基金管理相关法律法规及重要规范性文件

第一部分

国家自然科学基金管理办法体系

◇ 一、组织管理办法

国家自然科学基金委员会章程

1. 2005 年 3 月 17 日国家自然科学基金委员会第五届二次全体委员会议通过
2. 2008 年 5 月 28 日国家自然科学基金委员会第六届一次全体委员会议修订

第一章 总 则

第一条 为了确立国家自然科学基金委员会工作规范和行为准则，保障国家自然科学基金事业健康发展，根据《中华人民共和国科学技术进步法》和《国家自然科学基金条例》制定本章程。

第二条 国家自然科学基金委员会是管理国家自然科学基金的国务院直属事业单位。

第三条 国家自然科学基金委员会资金主要来自中央政府财政拨款，同时依法接受国内外自然人、法人或者其他组织的捐赠。

第四条 国家自然科学基金委员会根据国家发展科学技术的方针、政策和规划，有效运用国家自然科学基金，支持基础研究，坚持自由探索，发挥导向作用，发现和培养科学技术人才，促进科学

技术进步和经济社会协调发展。其职责是:

(一)制定和实施支持基础研究和培养科学技术人才的资助规划,受理项目申请,组织专家评审,管理资助项目,促进科研资源的有效配置,营造有利于创新的良好环境;

(二)协同国家科学技术行政主管部门制定国家发展基础研究的方针、政策和规划,对国家发展科学技术的重大问题提供咨询;

(三)接受国务院及有关部门委托开展相关工作,联合有关机构开展资助活动;

(四)同其他国家或地区的政府科学技术管理部门、资助机构和学术组织建立联系并开展国际合作;

(五)支持国内其他科学基金的工作;

(六)承办国务院交办的其他事项。

第五条 国家自然科学基金委员会坚持尊重科学、发扬民主、提倡竞争、促进合作、激励创新、引领未来的工作方针,倡导公正、奉献、团结、创新的工作作风,建设有利于自主创新的科学基金文化。

第二章 领导体制

第六条 国家自然科学基金委员会设主任一人,副主任若干人。主任、副主任由国务院任命。国家自然科学基金委员会主任是法定代表人,主持全面工作,对国务院负责。副主任协助主任工作。

国家自然科学基金委员会设秘书长一人,副秘书长若干人。秘书长按规定报有关部门批准,副秘书长由国家自然科学基金委员会任命。

第七条 国家自然科学基金委员会设委员二十五名。委员由来自高等学校、研究机构、政府部门和企业等方面的科学家、工程技术专家和管理专家担任,实行任期制,每届任期五年。

国家自然科学基金委员会主任和副主任为当然委员,其他委员由主任提名,报国务院审批。

第八条 国家自然科学基金委员会设立全体委员会议(以下简称全委会)、委务会议、主任办公会议和秘书长办公会议。

第九条 全委会由全体委员组成,由主任或主任委托的副主任主持。全委会对国家自然科学基金委员会的工作进行审议、监督和咨询。全委会每年至少举行一次,三分之二以上委员出席为有效。提请全委会审议的事项须表决形成决议,由全体委员的过半数通过。遇有重要事项,主任有权召开全委会。

全委会的职责是:

(一)研究贯彻国家发展科学技术方针政策的重要举措;

(二)审议国家自然科学基金委员会年度工作报告;

(三)审议国家自然科学基金发展规划与年度计划;

(四)审议国家自然科学基金委员会年度财务工作报告;

(五)审议国家自然科学基金委员会监督委员会工作报告;

(六)审议国家自然科学基金委员会章程及其修正案;

(七)讨论其他重要事项。

第十条 委务会议由主任、副主任、秘书长、副秘书长、办公室主任组成,主任或主任委托的副主任主持。委务会议一般每月召开一次,三分之二以上成员出席为有效。委务会议决议须经全体成员的过半数通过。

委务会议的职责是：

（一）落实国务院部署的各项工作；

（二）落实全委会的重要决议；

（三）研究国家自然科学基金发展战略、工作方针、政策和法规；

（四）审定年度预决算报告，批准年度资助计划和资助方案；

（五）研究机关建设中的重要问题；

（六）研究其他重要事项。

第十一条 主任办公会议由主任或副主任主持，有关部门负责人参加。

主任办公会议的职责是：

（一）研究落实委务会议决定事项；

（二）通报委务会议决定事项的执行情况并督促落实；

（三）研究落实主任交办的重要专项工作；

（四）协调涉及两个或两个以上部门的重要工作等。

第十二条 秘书长办公会议由秘书长或副秘书长主持，有关部门负责人参加。其职责是研究、协调和部署具体工作。

第三章　管 理 机 构

第十三条 国家自然科学基金委员会根据工作需要，按照权责一致的原则，设置若干职能局（室）和科学部等管理机构。

国家自然科学基金委员会不设科学技术研究实体。

第十四条 职能局（室）主要负责组织制定与实施国家自然科学基金发展战略、政策、规划和计划；综合管理资助项目、国际合作与交流活动;综合管理政务事务、队伍建设、财务与资产等事项;组织开展有关监督与审计。

职能局(室)实行局长(主任)负责制。

第十五条　科学部主要负责组织制定学科发展战略、优先发展领域和项目指南;受理、组织评审和管理国家自然科学基金各类项目;承担重要科学问题的咨询等。

科学部主任由相关领域科学家担任,实行任期制,每届任期四年,连任不得超过两届。科学部主任重点负责把握资助工作的学术方向。常务副主任重点负责科学部综合管理工作,其中重大事项的决策须征求主任的意见。

第十六条　国家自然科学基金委员会根据国家有关规定和工作需要,设立服务保障机构。

第四章　资 助 管 理

第十七条　国家自然科学基金委员会遵循公开、公平、公正的资助原则,采取宏观引导、自主申请、平等竞争、同行评审、择优支持的资助机制,资助国内高等学校、科学研究机构和其他具有独立法人资格、开展基础研究的公益性机构的科学技术人员开展基础研究和科学前沿探索。

国家自然科学基金委员会设立专项资金,用于培养青年科学技术人才。

第十八条　国家自然科学基金委员会根据国民经济和社会发展规划、科学技术发展规划以及科学技术发展状况,制定科学基金发展规划、资助计划和年度项目指南,明确优先发展领域和优先支持的项目范围，确定资助类型和资助方式。

第十九条 国家自然科学基金委员会确定资助类型和资助方式的原则是：

（一）有利于实现国家科学技术和经济社会发展目标；

（二）有利于支持科学技术人员自由探索和创新研究；

（三）有利于培养青年科学技术人才；

（四）有利于促进基础研究与教育结合；

（五）有利于促进高等学校、研究机构和企业之间的合作；

（六）有利于促进区域科学技术事业协调发展。

第二十条 国家自然科学基金委员会制定发展规划和年度项目指南应当广泛听取高等学校、科学研究机构、学术团体和有关国家机关、企业的意见，组织有关专家进行科学论证。

第二十一条 国家自然科学基金委员会设立科学部专家咨询委员会。主要职责是对学科发展战略、优先发展领域、资助格局、人才培养以及科学部管理工作等重要问题提供咨询意见。

科学部专家咨询委员会主任由科学部主任兼任，委员由相关领域科学家和管理专家组成，由国家自然科学基金委员会聘任。委员实行任期制，每届任期三年，连任不得超过两届。

第二十二条 国家自然科学基金委员会遵循依靠专家、发扬民主、择优支持、公正合理的评审原则，制定评审标准和管理办法，组织对申请项目的评审。

第二十三条 国家自然科学基金委员会一般依照以下程序遴选和确定资助项目：

（一）初步审查项目申请；

（二）同行专家通讯评审；

（三）学科评审组会议评审；

（四）委务会议批准。

国家自然科学基金委员会应当及时审查申请人对不予受理或不予资助决定提出的复审请求并作出决定。

第二十四条 国家自然科学基金委员会按照代表性与多样性相结合、动态调整和专家自愿等原则，遴选具有较高学术水平、良好职业道德的专家，组建同行专家评审队伍和学科评审组或专业评审委员会。

第二十五条 学科评审组成员由科学部提名，委务会议批准，国家自然科学基金委员会聘任。

学科评审组成员实行任期制，每届任期两年，连任不得超过两届。连任届满后再次聘任的时间间隔不得少于两年。

专业评审委员会的组建按规定程序执行。

第二十六条 国家自然科学基金委员会组织评审专家对申请资助项目从科学价值、创新性、社会影响以及研究方案的可行性等方面做出独立判断和评价。

学科评审组还要重点评审非共识创新项目，结合总体资助战略提出资助建议。

专业评审委员会根据特定要求审定或批准资助项目。

第二十七条 国家自然科学基金评审工作实行回避和保密制度，保障申请人和评审专家的权益，维护评审工作的公正性。

国家自然科学基金委员会工作人员不得申请或参加申请国家自然科学基金项目。

第二十八条 国家自然科学基金委员会加强资助项目管理与监督，重点审查获资助项目的工作计划与经费预算，检查年度进展报告，核准结题或组织验收，管理资助成果，推动成果共享等。

第二十九条 国家自然科学基金委员会实行年度报告制度，公布资助情况，宣传资助成果。

第三十条 国家自然科学基金委员会应当建立信息公开制度，依法开展资助管理信息公开工作。

第五章 财务与资产管理

第三十一条 国家自然科学基金委员会执行国家财政和财务制度，建立健全财务管理办法，完善财务内部控制制度，推进财务管理信息化建设，保障资金安全合理使用。

第三十二条 国家自然科学基金委员会根据国家自然科学基金发展规划，按照量入为出、收支平衡的原则编制年度预算，严格执行预算编制程序。年度预算经国家财政主管部门批准后执行。

国家自然科学基金委员会严格执行预算，如有重大调整，须报国家财政主管部门批准。

第三十三条 国家自然科学基金委员会编制年度决算报告，报国家财政主管部门批准。

第三十四条 国家自然科学基金委员会对资助项目经费预算执行情况进行监督。

第三十五条 国家自然科学基金委员会按照捐赠协议管理和使用接受捐赠的资金。

第三十六条 国家自然科学基金委员会建立健全国有资产管理制度，防止国有资产流失。

第六章 人员管理

第三十七条 国家自然科学基金委员会坚持以人为本，营造有利于开发和利用人才资源的和谐环境，以能力建设为重点，加强科学基金管理队伍建设，充分发挥工作人员的积极性和创造性。

第三十八条 国家自然科学基金委员会坚持干部任职标准，规范干部任用制度和程序，增强公开性和透明度。

第三十九条 国家自然科学基金委员会建立适合科学基金特点的岗位管理制度，科学设岗，按岗选人；实行固定与流动、专职与兼职相结合的人员任用方式，实行内部轮岗和外部交流制度。

第四十条 国家自然科学基金委员会保障员工享有与国家社会保障体系相适应的保险福利待遇，实行与学术性管理特点相适应的分配制度。

第四十一条 国家自然科学基金委员会结合工作需要，有计划地开展岗位培训和继续教育，不断提高人员素质。

第四十二条 国家自然科学基金委员会工作人员应当恪守职业道德，密切联系科学家，真心依靠科学家，热情服务科学家，自觉维护国家自然科学基金的声誉。

第七章 监督

第四十三条 国家自然科学基金委员会接受国家财政、审计、监察、科学技术等行政主管部门的监督检查，接受科学技术界和社会公众的监督。

第四十四条 国家自然科学基金委员会设立监督委员会，其职责是：

（一）制定和完善国家自然科学基金监督规章制度；

（二）受理有关国家自然科学基金项目的投诉和举报，会同或委托有关部门调查核实并做出处理；

（三）对国家自然科学基金项目的申请、评审、管理及实施等环节进行监督；

（四）对国家自然科学基金管理规章制度的制定与修改提出意见和建议；

（五）开展科学道德宣传、教育及有关活动。

第四十五条 监督委员会设主任一人，副主任若干人，委员若干人，由国家自然科学基金委员会聘任。主任、副主任为当然委员。委员实行任期制，每届任期五年，连任不得超过两届。

监督委员会每年至少召开一次全体会议，三分之二以上委员出席为有效。形成决议由全体委员的过半数通过。

监督委员会向全委会报告工作。

第四十六条 国家自然科学基金委员会建立健全内部监督制约机制和责任追究制度，加强对工作人员履行职责的监督。

第八章　国际（地区）合作与交流

第四十七条 国家自然科学基金委员会按照平等互利、优势互补等原则，积极开拓合作渠道，营造有利于国际（地区）科学技术合作与交流的良好环境。

第四十八条 国家自然科学基金委员会根据国际形势和国家

外交与科学技术政策，遵循基础研究规律，制定国际（地区）合作与交流战略规划，促进实质性国际合作，提升我国的国际科学技术竞争力。

第四十九条　国家自然科学基金委员会通过资助合作研究、学术会议、人员交流等多种形式，支持我国科学家广泛参与国际合作与竞争。

第五十条　国家自然科学基金委员会积极开发和利用海外智力资源，吸引海外科学家参与国内基础研究，促进我国科学技术事业发展。

第九章　附　　则

第五十一条　国家自然科学基金委员会印章由国务院制发。印章为圆形，中心置中华人民共和国国徽，周围环绕“国家自然科学基金委员会”字样。

第五十二条　国家自然科学基金委员会简称自然科学基金委。英文名称为National Natural Science Foundation of China，缩写为NSFC。

第五十三条　国家自然科学基金委员会依据本章程制定管理制度和工作规则。

第五十四条　本章程经全委会审议通过并公布后生效，报国务院备案。

国家自然科学基金委员会监督委员会章程

1. 2005 年 3 月 17 日国家自然科学基金委员会第五届二次全体委员会议通过
2. 2008 年 5 月 28 日国家自然科学基金委员会第六届一次全体委员会议修订

第一章　总　　则

第一条　为规范国家自然科学基金委员会监督委员会(以下简称监督委员会)监督工作,履行监督职能,根据《国家自然科学基金委员会章程》,制定本章程。

第二条　监督委员会在国家自然科学基金委员会领导下,独立开展监督工作,向国家自然科学基金委员会全体委员会议报告工作。

第三条　监督委员会的工作宗旨是,维护科学基金制的公正性、科学性和科技工作者的权益,弘扬科学道德,反对科学不端行为,营造有利于科技创新的环境,促进国家自然科学基金(以下简称科学基金)事业的健康发展。

第二章　机构与职责

第四条　监督委员会设主任一人,副主任若干人,常务委员、委员若干人，由国家自然科学基金委员会聘任。主任、副主任为当然委员。

第五条　监督委员会委员实行任期制，每届任期四年。连任不得超过两届。

第六条　监督委员会的主要职责是：

（一）制定和完善科学基金监督规章制度；

（二）受理与科学基金项目有关的投诉和举报，并做出处理，必要时会同或委托有关部门调查核实；

（三）对科学基金项目申请、评审、管理以及实施等进行监督；

（四）对科学基金管理规章制度的建设提出意见和建议；

（五）开展科学道德宣传、教育及有关活动。

第七条　监督委员会下设办公室，负责处理监督委员会的日常工作。

第三章　委　　员

第八条　监督委员会委员由科学家和管理专家担任，应具备下列条件：

（一）具有良好的科学道德素质；

（二）具有较高的学术造诣；

（三）作风正派，办事公正；

（四）热心科学基金监督工作。

第九条　监督委员会委员的义务：

（一）恪守科学道德准则；

（二）在职责范围内履行监督职能；

（三）出席监督委员会的会议；

（四）听取和反映科技工作者的意见和建议；

（五）维护科学基金的声誉。

第十条 监督委员会委员的权利：

（一）对监督委员会重要工作决定或决议行使表决权；

（二）对科学基金工作中的违规或不端行为提出质询；

（三）对有损科学基金声誉的行为提出批评；

（四）受监督委员会委托对科学基金评审与管理进行监督；

（五）受监督委员会委托组织开展与监督工作相关的活动。

第十一条 监督委员会委员严格科学道德自律，遵守国家自然科学基金委员会有关规定，接受科技界和社会的监督。

第四章 工作制度

第一节 会议制度

第十二条 监督委员会实行全体会议、常委会议和办公会议制度。

第十三条 全体会议由监督委员会主任或主任委托的副主任主持，全体委员参加。全体会议至少每年举行一次，主要内容是：

（一）审议监督委员会工作报告；

（二）审议监督委员会年度工作计划；

（三）审议重要的监督工作规章制度；

（四）对重大事项形成决议；

（五）研究部署重要的监督工作。

第十四条 常委会议由监督委员会主任或主任委托的副主任

主持，常务委员参加。常委会议一般每季度召开一次，主要内容是：

（一）落实全体会议的工作部署；

（二）研究监督工作的重要政策、规章；

（三）研究投诉和举报的处理；

（四）研究筹备全体会议的重要事项；

（五）研究其他重要事项。

第十五条　办公会议由监督委员会主任或副主任主持，部分委员、监督委员会办公室成员参加，有关人员列席。办公会议根据需要召开，主要内容是：

（一）研究落实全体会议、常委会议决定事项的实施方案；

（二）研究投诉和举报的处理意见；

（三）研究落实有关监督检查计划；

（四）研究落实有关科学道德宣传教育的事项；

（五）研究其他事项。

第二节　通报和报告制度

第十六条　监督委员会全体会议、常务会议、办公会议做出的决议，受理投诉和举报、处理科学不端行为的情况和结果，以适当方式在一定范围内通报。

第十七条　在监督委员会全体会议闭会期间，常委会议、办公会议的有关决策、重要情况，向全体委员通报。

第三节　投诉和举报处理制度

第十八条　监督委员会受理任何单位或个人有关科学基金申请、受理、评议、评审、实施、结题及其他管理活动的实名投诉和举报。

第十九条　监督委员会受理有关下列行为的投诉和举报：

（一）违反科学基金评审规定，有失客观、公正的行为；

（二）弄虚作假、捏造数据、剽窃成果等违背科学道德的行为；

（三）因管理不善等原因，致使科学基金项目未按有关规定执行并造成损失的行为；

（四）严重违反科学基金财务管理规定的行为；

（五）利用工作之便谋取私利的行为；

（六）其他违背科学道德或违反科学基金有关规定的行为。

第二十条　监督委员会不受理下列投诉和举报：

（一）与科学基金资助工作无关的投诉和举报；

（二）属于学术争论的投诉和举报；

（三）无实质内容的投诉和举报。

第二十一条　监督委员会调查核实投诉和举报，实行回避制度和保密制度。

第二十二条　监督委员会按照事实清楚、证据确凿、定性准确、量度恰当、程序完备的原则，对投诉和举报进行处理。

第二十三条　监督委员会办公会议应及时研究投诉和举报提出的重要问题。监督委员会主任对重要投诉和举报的办理，应当督促检查，直至妥善处理。

第四节 检查和巡视制度

第二十四条 监督委员会成立若干监督检查小组，根据需要对国家自然科学基金委员会有关部门、项目依托单位或科学基金项目组进行监督检查，对科学基金项目评议、评审过程进行监督。

第二十五条 监督委员会根据需要成立若干巡视小组，开展监督工作调研和科学道德宣传教育等活动。

第五节 谈话提醒制度

第二十六条 监督委员会及时了解有关部门贯彻科学基金评审原则，公开、公平、公正管理的情况和存在的问题，必要时与有关部门负责人沟通，提出有关工作建议。

第二十七条 监督委员会发现科学基金管理人员、评审专家、项目承担者在科学基金资助与管理方面出现违规的倾向，应当及时会同有关部门和领导对其进行谈话提醒。

第五章 附 则

第二十八条 监督委员会依据本章程制定相关管理办法。

第二十九条 本章程由监督委员会负责解释。

第三十条 本章程自公布之日起30天后施行。原《国家自然科学基金委员会监督委员会工作条例》同时废止。

国家自然科学基金依托单位基金工作管理办法

2014 年 10 月 14 日国家自然科学基金委员会委务会议通过

第一章　总　　则

第一条　为了规范和加强国家自然科学基金依托单位（以下简称依托单位）的国家自然科学基金（以下简称科学基金）管理工作，充分发挥依托单位的作用，保障科学基金的使用效益，根据《国家自然科学基金条例》（以下简称《条例》），制定本办法。

第二条　本办法所称依托单位，是指经国家自然科学基金委员会（以下简称自然科学基金委）审核，具有科学基金管理资格并予以注册的单位。

依托单位的注册、履行科学基金项目管理、监督、保障等职能适用本办法。

第三条　依托单位的科学基金管理工作应当坚持科学规范、有效监督、保障有力的原则。

第四条　自然科学基金委在依托单位管理中履行下列职责：

（一）受理和决定依托单位注册申请、变更以及注销；

（二）指导依托单位科学基金管理工作和组织培训；

（三）监督依托单位的科学基金管理工作；

（四）其他与依托单位的科学基金管理相关的工作。

第五条　依托单位在基金资助管理工作中履行下列职责：

（一）组织申请人申请科学基金资助；

（二）审核申请人或者项目负责人所提交材料的真实性；

（三）提供基金资助项目实施的条件，保障项目负责人和参与者实施基金资助项目的时间；

（四）跟踪基金资助项目的实施，监督基金资助经费的使用；

（五）配合自然科学基金委对基金资助项目的实施进行监督、检查。

第二章　注　　册

第六条　中华人民共和国境内的高等学校、科学研究机构以及其他公益性机构，符合下列条件的，可以向自然科学基金委申请注册为依托单位：

（一）具有独立法人资格；

（二）业务范围中具有科学研究的相关内容；

（三）具有从事基础研究活动的科学技术人员；

（四）具有开展基础研究所需的条件；

（五）具有专门的科学研究项目管理机构和制度；

（六）具有专门的财务机构和制度；

（七）具有必要的资产管理机构和制度。

第七条　自然科学基金委每年一次集中受理注册申请，受理注册通知应当在受理申请起始之日30日前公布。

对因国家经济、社会发展特殊需要或者其他特殊情况需要注册为依托单位的，自然科学基金委根据需求按程序受理注册申请。

申请单位应当按自然科学基金委的要求提交注册申请书及相

关材料。

第八条 自然科学基金委应当及时完成注册审查并作出决定。

自然科学基金委决定予以注册的,应当及时书面通知申请单位并公布依托单位的名称;决定不予注册的,及时书面通知申请单位并说明理由。

第九条 依托单位出现下列情形之一,应当自该情形发生之日起60日内向自然科学基金委提出变更申请:

(一)依托单位名称、科学基金管理联系人信息、银行帐号等基本信息变更;

(二)法人类型发生变更;

(三)因法人合并、分立等发生变更;

(四)其他需要变更的情形。

自然科学基金委接到变更申请后应当及时完成审查并作出决定。自然科学基金委决定予以变更的,应当及时书面通知申请单位;决定不予变更的,按照本办法第十条规定处理。

第十条 依托单位出现以下情况之一时,自然科学基金委可以予以注销:

(一)依托单位提出注销申请的;

(二)不再符合本办法第六条规定的;

(三)受到自然科学基金委3至5年不得作为依托单位处罚的;

(四)自然科学基金委对其变更申请决定不予变更的。

发生前款第(三)项情形的,处罚期满后可以重新申请注册成为依托单位。

自然科学基金委应当及时公布被注销依托单位的名称。

第十一条　依托单位连续5年未获得国家自然科学基金资助的，其依托单位资格自动终止。

第三章　职　　责

第十二条　依托单位应当组织符合科学基金项目申请条件的本单位申请人，根据国家自然科学基金项目指南申请科学基金资助，为申请人提供申请科学基金资助的咨询和指导。

依托单位不得将另一依托单位作为本单位的下级单位申请科学基金资助。

第十三条　对于无工作单位或者所在单位不是依托单位的科学技术人员，依托单位同意其通过本单位申请科学基金资助的，应当认真审查该人员的资质和条件，签订书面合同。

书面合同应当明确项目保障条件、工作时间、管理权限、经费使用、知识产权、违约责任以及争议解决等方面内容。对于所在单位不是依托单位的人员，还应当经其所在单位书面同意。

依托单位应当对上述申请人的资格和信誉负责，并将其视为本单位科学技术人员实施有效的管理。

第十四条　依托单位应当按要求审查下列材料的真实性、完整性和合规性，并在规定期限内向自然科学基金委提交。

（一）项目申请材料；

（二）资助项目计划书；

（三）项目年度进展报告；

（四）项目结题报告和研究成果报告；

（五）项目变更、终止申请材料；

（六）项目资金年度收支报告；

（七）其他需要提交的相关材料。

第十五条 依托单位应当建立科学基金资助项目原始记录制度。

依托单位应当责令项目负责人或者参与者做好原始记录，定期对本单位的科学基金资助项目的原始记录进行查看。

第十六条 科学基金资助项目实施中有下列情形之一的，依托单位应当及时提出变更或者终止项目实施的申请，报自然科学基金委批准：

（一）项目负责人不再是本依托单位科学技术人员的；

（二）项目负责人不能继续开展研究工作的；

（三）项目负责人有剽窃他人科学研究成果或者在科学研究中有弄虚作假等行为的；

（四）其他需要由依托单位提出的情形。

第十七条 依托单位应当依照国家有关法律法规和科学基金项目资金管理的有关规定，认真审核科学基金项目资金的预算、决算，规范和加强科学基金项目资金的使用和管理，保障项目的组织实施，提高科学基金使用效益。

第十八条 依托单位对科学基金资助项目结题及项目研究形成的成果应当建立相应的管理制度：

（一）建立科学基金资助项目档案，项目结题后及时归档；

（二）对科学基金资助项目研究形成的知识产权进行有效管理，促进科学基金资助项目成果转化与传播；

（三）做好科学基金资助项目结题后成果的跟踪管理。

第十九条　依托单位应当及时将自然科学基金委的以下通知告知申请人或者项目负责人：

（一）项目初步审查结果通知；

（二）项目批准资助通知；

（三）项目变更审核结果通知；

（四）项目结题审核结果通知；

（五）其他需要的通知事项。

第二十条　依托单位应当每年撰写年度科学基金资助项目管理报告，并在规定的时间提交自然科学基金委。

年度科学基金资助项目管理报告应当包括本单位科学基金项目管理的情况、资金管理及使用情况、取得的重要成果以及对科学基金管理提出的意见和建议等内容。

自然科学基金委应当对年度科学基金资助项目管理报告进行审查。

第二十一条　依托单位应当建立常态化的自查自纠机制，跟踪科学基金资助项目的实施，监督科学基金资助资金的使用，严格依法处理本单位申请人、项目负责人、参与者出现的违法行为。

依托单位在科学基金项目管理过程中，如发现问题应当根据有关规定及时向自然科学基金委报告。

第四章　保　障

第二十二条　依托单位应当将科学基金项目管理列为本单位科技管理工作的重要内容，健全领导体制和组织机构。

依托单位应当建立科学基金管理相关的项目、财务、人事、审计、资产、档案等制度，确保相关机构协调一致，共同保障本单位科学研究工作的有效开展。

第二十三条 依托单位应当提供科学基金资助项目实施所必需的工作条件。

第二十四条 科学基金资助项目实施过程中，依托单位应当确保项目研究队伍的稳定。不得擅自变更项目负责人，不得未经项目负责人同意变更、增加或减少项目参与者。

第二十五条 依托单位应当保证项目负责人和参与者在依托单位从事研究工作的时间符合所承担的科学基金资助项目类型的要求。

依托单位项目负责人和参与者的聘用期一般应当覆盖科学基金资助项目的执行期限。

第二十六条 依托单位应当选择责任心强、业务水平高、热心服务于科学技术人员的管理人员从事科学基金管理工作，并保障科学基金管理人员的稳定和管理人员变动时的工作衔接。

科学基金管理人员应当熟悉并掌握国家有关科研政策、法律法规和科学基金的管理制度，积极参加自然科学基金委组织的培训等活动。

第二十七条 依托单位应当监督本单位的项目申请人、负责人、参与者、评审专家和管理人员严格遵守自然科学基金委的各项规定，加强科研诚信建设，共同营造科学基金项目资助的良好科研环境。

第二十八条 自然科学基金委应当对依托单位进行法律法规、政策措施、业务知识或者管理经验等内容的培训。

自然科学基金委支持依托单位建立科学基金地区联络网，对其开展培训、研讨、经验交流等活动进行指导、监督并提供部分经费保障。

第二十九条　自然科学基金委定期表彰在科学基金管理工作中做出突出贡献的依托单位、科学基金地区联络网和个人。

第五章　监督与责任

第三十条　自然科学基金委应当建立抽查机制，定期抽查依托单位科学基金资助项目实施情况、项目资金的管理和使用情况、依托单位履行职责情况等事项，并公布抽查结果供公众查阅。

第三十一条　自然科学基金委建立依托单位信用记录制度，对依托单位实行分级管理。

第三十二条　依托单位的信用记录包括履行职责情况、项目资金管理情况、抽查及奖惩信息及其他相关信息。

第三十三条　自然科学基金委接受任何单位或者个人对依托单位及其科学基金管理人员违反《条例》和本办法规定行为的举报。

第三十四条　申请依托单位注册或者变更时有以下情形之一的，自然科学基金委应当予以警告：

（一）以隐瞒有关情况、提供虚假材料等不正当手段申请注册的；

（二）以隐瞒有关情况、提供虚假材料等不正当手段取得注册的；

（三）未在发生变更情形60日内向自然科学基金委提出书面变更申请的。

有前款第(一)项情形的,不予注册;有前款第(二)项情形的,注销其依托单位资格。

第三十五条 依托单位有下列情形之一的,由自然科学基金委给予警告,并责令限期改正:

(一)不履行保障科学基金资助项目研究条件的职责的;

(二)不对申请人或者项目负责人提交的材料或者报告的真实性进行审查的;

(三)不依照规定提交项目年度进展报告、年度科学基金资助项目管理报告、结题报告和研究成果报告的;

(四)纵容、包庇申请人、项目负责人弄虚作假的;

(五)擅自变更项目负责人的;

(六)不配合自然科学基金委监督、检查科学基金资助项目实施的;

(七)截留、挪用科学基金资助资金的;

(八)其他不履行科学基金资助管理工作职责的。

第三十六条 依托单位存在本办法第三十五条规定的情形,情节严重的,由自然科学基金委给予通报批评,3 至 5 年不得作为依托单位。

第六章 附 则

第三十七条 对于实施《条例》第四十二条规定活动的机构,可以不具备本办法第六条(二)(三)(四)(五)项的要求,其他应当参照本办法执行。

第三十八条 依托单位注册管理活动中涉及中国人民解放

军、中国人民武装警察部队所属机构的，参照本办法执行。

第三十九条　本办法自 2015 年 1 月 1 日起施行。2007 年 10 月 1 日起施行的《国家自然科学基金依托单位注册管理暂行办法》、2002 年 5 月 10 日起施行的《国家自然科学基金管理工作地区联络网工作条例》同时废止。

国家自然科学基金委员会科学部专家咨询委员会工作办法

1. 2006年12月4日国家自然科学基金委员会委务会议通过
2. 2008年7月8日国家自然科学基金委员会委务会议修订

第一条 为了充分发挥科学家在国家自然科学基金资助决策和管理工作中的咨询作用,规范和加强咨询工作的组织与管理,根据《国家自然科学基金委员会章程》及相关管理办法和规定,制定本办法。

第二条 国家自然科学基金委员会(以下简称自然科学基金委)设立科学部专家咨询委员会(以下简称咨询委员会),旨在完善国家自然科学基金管理工作专家咨询系统,保障科学部资助决策和管理工作的科学性。

第三条 科学部应当将以下事项提交咨询委员会,听取咨询意见:

(一)优先资助领域和资助格局;

(二)重大研究计划和重大项目立项建议;

(三)当年资助工作和下一年度资助工作设想;

(四)学科发展战略报告;

(五)学科评审组的组成。

第四条 咨询委员会应当坚持发扬民主、实事求是、科学公正的原则,对科学部提请咨询的事项提出咨询意见。

第五条　咨询委员会成员一般为 11－21 人，其中含主任 1 人。咨询委员会主任由相应科学部主任兼任。科学部在编人员不得担任咨询委员会成员。

第六条　咨询委员会成员应具备以下条件：

（一）具有较高的学术造诣；

（二）具有较强的战略思想；

（三）熟悉科学基金工作；

（四）学风严谨，作风民主，办事公正，认真负责。

第七条　组建咨询委员会应当注意以下事项：

（一）保持不同学科领域、不同单位和地域的相对平衡；

（二）上一届咨询委员会成员须占咨询委员会成员总数的 1/3 左右；

（三）来自现任学科评审组的专家不得超过咨询委员会成员总数的 1/3。

第八条　咨询委员会实行任期制，每届任期两年，连任不得超过两届。咨询委员会主任任期从其担任科学部主任的任期。

第九条　科学部根据本办法第六条、第七条的要求，在分管委领导的指导下，经科学部主任办公会议讨论，提出咨询委员会组成成员建议名单。建议名单由科学部主任签署意后送人事局。人事局会同计划局、政策局征求相关各局分管委领导的意见后，报委务会议审批。

第十条　咨询委员会成员由自然科学基金委聘任并颁发聘书。科学部应当在名单批准后一个月内将受聘任的情况告知咨询委员会成员。

第十一条　科学部应当于每年年底根据咨询工作需要制订下

一年度咨询计划,报分管委领导审批后,送政策局备案。

第十二条 科学部应当及时将咨询计划提交咨询委员会。

咨询委员会应当根据咨询计划安排年度工作。

第十三条 科学部临时确定的咨询事项,报送分管委领导审批后,及时提交咨询委员会,并送政策局备案。

第十四条 咨询委员会应当通过全体成员会议(以下简称全体会议)的方式形成咨询建议。特殊情况下,咨询委员会可以通过通信方式征求全体成员意见,形成咨询建议。

第十五条 科学部应当于全体会议召开前 15 日,将会议通知和提请咨询的文件送达咨询委员会成员。

第十六条 全体会议由咨询委员会主任召集并主持;主任不能主持时,由主任指定的一名成员代为主持。

第十七条 全体会议应有超过 2/3 的成员出席方可召开。咨询委员会形成的集体咨询建议,须经全体成员过半数通过方为有效。全体会议应当形成会议纪要,全面反映出席会议成员的咨询意见。

第十八条 咨询委员会成员可以随时向科学部提出个人咨询建议。

第十九条 咨询委员会全体会议的会议纪要和集体咨询建议由咨询委员会主任签发。科学部应当将咨询委员会全体会议的会议纪要、集体咨询建议和咨询委员会成员个人咨询建议送计划局和政策局备案。必要时,科学部和相关部门将咨询建议报送分管委领导。

第二十条 科学部应当在每年 12 月 31 日前将本科学部咨询委员会年度工作总结送政策局。政策局在汇总各科学部咨询委员会年度工作总结基础上,形成咨询委员会年度工作总结,报送委领导。

第二十一条　咨询委员会设立学术秘书1-3人,其中至少1人由科学部人员担任。学术秘书的主要职责是:

(一)联系咨询委员会成员;

(二)收集和整理咨询委员会成员的咨询意见;

(三)起草全体会议纪要和咨询建议;

(四)管理咨询委员会文件档案。

第二十二条　科学部应当将咨询委员会会议经费和相关工作经费列入年度经费预算。

第二十三条　科学部在本部门主页上开设咨询委员会专栏,通报咨询委员会工作情况。政策局不定期编印《国家自然科学基金委员会科学部专家咨询委员会工作通信》。

第二十四条　本办法自公布之日起实施,《国家自然科学委员会科学部专家咨询委员会工作条例(试行)》同时废止。

国家自然科学基金项目评审专家工作管理办法

2015 年 7 月 7 日国家自然科学基金委员会委务会议通过

第一章　总　　则

第一条　为了规范和加强国家自然科学基金项目评审专家（以下简称评审专家）工作的管理，确保评审专家履行义务，切实维护评审专家的权利，充分保障国家自然科学基金项目（以下简称项目）评审的公正性和规范性，根据《国家自然科学基金条例》（以下简称《条例》），制定本办法。

第二条　本办法中所称的评审专家是指国家自然科学基金委员会（以下简称自然科学基金委）聘请的在项目通讯评审或者会议评审过程中，行使评审权利、提出评审意见的科学技术人员。

第三条　评审专家的聘请、评审活动管理、监督和保障等相关管理活动适用本办法。

第四条　评审专家工作管理应当坚持权责统一、程序规范、监督有力的基本原则。

第五条　自然科学基金委在评审专家工作管理中履行下列职责：

（一）聘请评审专家并建立评审专家库；

（二）组建会议评审专家组；

（三）组织开展通讯评审和会议评审工作；

（四）提供必要的评审工作条件；

（五）监督评审专家评审工作；

（六）其他与评审专家管理相关的工作。

第六条　评审专家在评审活动中具有下列基本权利：

（一）选择是否参与评审工作；

（二）获取评审工作所需的有关信息和材料；

（三）独立开展评审工作。

第七条　评审专家应当在评审工作中履行下列职责：

（一）严格遵守与评审工作相关的法律、法规及规范性文件；

（二）准确把握科学基金资助政策和评审标准；

（三）独立、客观、公正地作出判断并提出评审意见；

（四）自然科学基金委要求履行的其他职责。

第八条　评审过程中出现回避或者保密情形的，评审专家应当按照《国家自然科学基金项目评审回避与保密管理办法》的有关规定执行。

第二章　评审专家选聘

第九条　自然科学基金委聘请担任评审专家的科学技术人员应当符合下列条件：

（一）具有较高的学术水平、敏锐的科学洞察力和较强的学术判断能力；

（二）具有良好的科学道德，作风严谨，客观公正，廉洁自律；

（三）有时间和精力参加评审工作。

第十条　科学技术人员具备下列情形之一的，自然科学基金委不能聘请其作为评审专家：

（一）因有剽窃他人科学研究成果或者在科学研究中有弄虚作假等行为受到处罚或者处分的；

（二）存在严重违法或者犯罪记录的；

（三）参加各类科技评审活动中存在不良记录的；

（四）自然科学基金委认定的其他不宜作为评审专家情形的。

第十一条 依托单位或者个人可以向自然科学基金委推荐符合本办法规定条件的科学技术人员作为评审专家人选。自然科学基金委应当对被推荐的评审专家人选进行审核并决定是否聘请。

自然科学基金委可以直接聘请符合条件的科学技术人员成为评审专家。

第十二条 自然科学基金委应当建立评审专家库，并将聘请的评审专家的资料列入评审专家库进行管理与维护。

自然科学基金委应当将聘请评审专家的情况告知本人及依托单位。

第十三条 评审专家发生工作单位变动、研究领域变化等情形的，应当及时办理信息变更并告知自然科学基金委。

依托单位应当定期对本单位评审专家的信息进行核查，对发生变化的应当及时告知自然科学基金委或督促评审专家办理信息变更。

自然科学基金委应当审核评审专家和依托单位提出的信息变更并及时更新评审专家库。

第十四条 评审专家出现下列情形的，自然科学基金委不再聘请作为评审专家：

（一）不愿意担任评审专家的；

（二）无法继续履行评审职责的；

（三）在履行评审职责过程中存在违法、违规行为的；

（四）存在本办法第十条情形不宜继续履行评审专家职责的；

（五）自然科学基金委认定的其他情形。

第三章　通讯评审管理

第十五条　自然科学基金委应当从评审专家库中随机选择同行专家对已经受理的项目申请进行通讯评审。选取专家的具体数量按有关项目管理办法执行。

自然科学基金委选取通讯评审专家时应当考虑申请人提出的不宜评审其项目的专家名单。

第十六条　自然科学基金委应当向评审专家发送评审材料，并对通讯评审意见的撰写提出具体要求，评审材料包括项目申请材料以及通讯评审意见撰写说明或者指导文件等。

第十七条　评审专家接到评审材料后，因为难以作出学术判断、没有精力等情况无法评审的，应当在收到评审材料后及时告知自然科学基金委并说明理由。自然科学基金委应当重新选择评审专家。

第十八条　评审专家应当按要求认真阅读申请材料，依照有关项目管理办法中规定的评审标准作出判断，撰写评审意见，并按照要求及时向自然科学基金委反馈评审意见。评审专家不得请他人代评或代撰写评审意见。

第四章　会议评审管理

第十九条　自然科学基金委应当从评审专家库中选取一定数量的评审专家，组建会议评审专家组对项目申请进行会议评审。会议评审专家组组建原则如下：

（一）每个会议评审专家组内同一法人单位的成员限1名；

（二）考虑不同学科领域、不同部门和地域的代表性；

（三）注意选择一定比例的青年、女性科学技术人员。

选取的会议评审专家应当具备下列条件：

（一）在以往的评审工作中具有良好的信誉；

（二）长期在科研第一线工作；

（三）熟悉本学科国内外发展情况，具有战略思想和宏观把握能力；

（四）年龄一般不超过70岁。

第二十条　自然科学基金委可以根据工作需要，按照本办法规定的条件，特邀部分专家参加会议评审工作。特邀专家具有与会议评审专家同样的权利和义务。

每个会议评审专家组内的特邀专家数量一般不超过该会议评审专家组成员总数的三分之一。

第二十一条　每个会议评审专家组设组长1至2名，成员数量根据各类项目管理办法规定执行。

评审专家连续参与同一类型项目的会议评审不得超过两年。

第二十二条　自然科学基金委应当在会议评审前通知评审专家。评审专家因故无法参加会议评审的，应当及时告知自然科学基金委。

自然科学基金委应当公布会议评审专家组名单。

第二十三条　自然科学基金委应当在会议评审前，向评审专家提供评审所需要的年度资助计划、项目申请材料、通讯评审意见及结果等评审材料，告知评审专家会议评审的讨论、投票等基本评审要求。

第二十四条　评审专家应当在充分了解评审要求的基础上，认真阅读评审资料，客观公正地提出评审意见。

自然科学基金委工作人员应当对评审专家不遵守《国家自然科学基金项目评审专家行为规范》的行为进行提醒或者制止。

第二十五条　评审专家应当在充分讨论的基础上对项目申请独立进行记名或者无记名投票表决。

投票结果应当现场公布。

第五章　监督与评估

第二十六条　自然科学基金委应当记录评审专家履行工作职责的情况。

第二十七条　自然科学基金委应当整理专家通讯评审意见向申请人提供，申请人可以就评审专家的评审工作向自然科学基金委提出书面意见或建议。

第二十八条　自然科学基金委应当通过评审专家履职情况调查等方式建立评审专家监督的制度。

第二十九条　自然科学基金委应当公布专门的举报电话和举报信箱等联系方式，接受科学界和社会公众对评审专家违反《条例》和本办法规定行为的举报。

第三十条 自然科学基金委应当定期对评审专家履行评审职责情况进行评估,评估的主要内容包括:

(一)遵守评审工作相关法律、法规和规范性文件的情况;

(二)工作态度和勤勉状况;

(三)履行评审职责的能力;

(四)执行回避与保密规定的情况;

(五)自然科学基金委认为的其他评估内容。

申请人提出的意见或者建议、评审专家监督意见以及社会公众的举报将作为自然科学基金委对评审专家进行评估的重要依据。

第三十一条 自然科学基金委应当根据评估结果建立评审专家信誉档案并定期进行维护。

第三十二条 自然科学基金委应当按照国家有关规定为评审专家的评审提供时间、工作条件、经费等相关保障措施。

评审专家可以就评审保障方面向自然科学基金委提出意见和建议。

第六章 法律责任

第三十三条 评审专家有下列行为之一的,自然科学基金委应当给予警告,责令限期改正;情节严重的,通报批评,不再聘请其为评审专家:

(一)不履行评审职责的;

(二)未按规定申请回避的;

（三）披露未公开的与评审有关的信息的；

（四）对项目申请不公正评审的；

（五）利用工作便利谋取不正当利益的。

第三十四条　评审专家在评审工作中有下列行为之一，构成犯罪的，依法追究刑事责任：

（一）索取或者非法收受他人财物或者谋取其他不正当利益的；

（二）泄露国家秘密的。

第三十五条　评审专家有违反本办法规定的行为涉嫌构成犯罪的，应当按照《中华人民共和国刑事诉讼法》有关规定移送有关部门处理。

第七章　附　　则

第三十六条　项目管理中，中期检查与评估、结题审查、预算评审及财务验收等评审工作的评审专家管理参照本办法执行。

第三十七条　本办法自2015年10月1日起施行。1995年10月30日公布实施的《国家自然科学基金委员会学科评审组组建试行办法》同时废止。

◆ 二、程序管理办法

国家自然科学基金面上项目管理办法

1. 2009 年 9 月 27 日国家自然科学基金委员会委务会议通过
2. 2011 年 4 月 12 日国家自然科学基金委员会委务会议修订通过

第一章 总 则

第一条 为了规范和加强国家自然科学基金面上项目(以下简称面上项目)管理,根据《国家自然科学基金条例》(以下简称《条例》),制定本办法。

第二条 面上项目支持科学技术人员在国家自然科学基金资助范围内自主选题,开展创新性的科学研究,促进各学科均衡、协调和可持续发展。

第三条 国家自然科学基金委员会(以下简称自然科学基金委)在面上项目管理过程中履行以下职责:

(一)制定并发布年度项目指南;

(二)受理项目申请;

(三)组织专家进行评审;

(四)批准资助项目;

（五）管理和监督资助项目实施。

第四条　面上项目的经费使用与管理，按照国家自然科学基金资助项目经费管理的有关规定执行。

第二章　申请与评审

第五条　自然科学基金委根据基金发展规划、学科发展战略和基金资助工作评估报告，在广泛听取意见和专家评审组论证的基础上制定年度项目指南。年度项目指南应当在接收项目申请起始之日 30 日前公布。

第六条　依托单位的科学技术人员具备下列条件的，可以申请面上项目：

（一）具有承担基础研究课题或者其他从事基础研究的经历；

（二）具有高级专业技术职务（职称）或者具有博士学位，或者有 2 名与其研究领域相同、具有高级专业技术职务（职称）的科学技术人员推荐。

从事基础研究的科学技术人员具备前款规定的条件、无工作单位或者所在单位不是依托单位的，经与依托单位协商，并取得该依托单位的同意可以申请。依托单位应当将其视为本单位科学技术人员实施有效管理。

正在攻读研究生学位的人员不得申请面上项目，但在职人员经过导师同意可以通过其受聘依托单位申请。

第七条　申请面上项目的数量应当符合下列要求：

（一）作为申请人同年申请面上项目限为 1 项；

（二）不具有高级专业技术职务（职称）的人员，作为项目负责

人正在承担面上项目的,不得申请;

(三)年度项目指南中对申请数量的限制。

第八条 申请人应当是申请面上项目的实际负责人,限为1人。

参与者与申请人不是同一单位的,参与者所在单位视为合作研究单位,合作研究单位的数量不得超过2个。

面上项目研究期限一般为4年。

第九条 申请人应当按照年度项目指南要求,通过依托单位提出书面申请。申请人应当对所提交的申请材料的真实性负责。

依托单位应当对申请材料的真实性和完整性进行审核,统一提交自然科学基金委。

申请人可以向自然科学基金委提供3名以内不适宜评审其项目申请的通讯评审专家名单。

第十条 具有高级专业技术职务(职称)的申请人或者参与者的单位有下列情况之一的,应当在申请时注明:

(一)同年申请或者参与申请各类项目的单位不一致的;

(二)与正在承担的各类项目的单位不一致的。

第十一条 自然科学基金委应当自项目申请截止之日起45日内完成对申请材料的初步审查。符合本办法规定的,予以受理并公布申请人基本情况和依托单位名称、申请项目名称。有下列情形之一的,不予受理,通过依托单位书面通知申请人,并说明理由:

(一)申请人不符合本办法规定条件的;

(二)申请材料不符合年度项目指南要求的;

(三)未在规定期限内提交申请的;

（四）申请人、参与者在不得申请或者参与申请国家自然科学基金资助的处罚期内的；

（五）依托单位在不得作为依托单位的处罚期内的。

第十二条　自然科学基金委负责组织同行专家对受理的项目申请进行评审。项目评审程序包括通讯评审和会议评审。

第十三条　评审专家对项目申请应当从科学价值、创新性、社会影响以及研究方案的可行性等方面进行独立判断和评价，提出评审意见。

评审专家提出评审意见时还应当考虑以下几个方面：

（一）申请人和参与者的研究经历；

（二）研究队伍构成、研究基础和相关的研究条件；

（三）项目申请经费使用计划的合理性。

第十四条　对于已受理的项目申请，自然科学基金委应当根据申请书内容和有关评审要求从同行专家库中随机选择3名以上专家进行通讯评审。对内容相近的项目申请应当选择同一组专家评审。

对于申请人提供的不适宜评审其项目申请的评审专家名单，自然科学基金委在选择评审专家时应当根据实际情况予以考虑。

每份项目申请的有效评审意见不得少于3份。

第十五条　通讯评审完成后，自然科学基金委应当组织专家对项目申请进行会议评审。会议评审专家应当来自专家评审组，必要时可以特邀其他专家参加会议评审。

自然科学基金委应当根据通讯评审情况对项目申请排序和分类，供会议评审专家评审时参考，同时还应当向会议评审专家提供年度资助计划、项目申请书和通讯评审意见等评审材料。

会议评审专家应当充分考虑通讯评审意见和资助计划，结合学科布局和发展对会议评审项目以无记名投票的方式表决，建议予以资助的项目应当以出席会议评审专家的过半数通过。

第十六条 多数通讯评审专家认为不应当予以资助的项目，2名以上会议评审专家认为创新性强可以署名推荐。会议评审专家在充分听取推荐意见的基础上，应当以无记名投票的方式表决，建议予以资助的项目应当以出席会议评审专家的三分之二以上的多数通过。

第十七条 自然科学基金委根据本办法的规定和专家会议表决结果，决定予以资助的项目。

第十八条 自然科学基金委决定予以资助的，应当根据专家评审意见以及资助额度等及时制作资助通知书，书面通知依托单位和申请人，并公布申请人基本情况以及依托单位名称、申请项目名称、资助额度等；决定不予资助的，应当及时书面通知申请人和依托单位，并说明理由。

自然科学基金委应当整理专家评审意见，并向申请人和依托单位提供。

第十九条 申请人对不予受理或者不予资助的决定不服的，可以自收到通知之日起15日内，向自然科学基金委提出书面复审申请。对评审专家的学术判断有不同意见，不得作为提出复审申请的理由。

自然科学基金委应当按照有关规定对复审申请进行审查和处理。

第二十条 面上项目评审执行自然科学基金委项目评审回避与保密的有关规定。

第三章　实施与管理

第二十一条　自然科学基金委应当公告予以资助项目的名称以及依托单位名称,公告期为5日。公告期满视为依托单位和项目负责人收到资助通知。

依托单位应当组织项目负责人按照资助通知书的要求填写项目计划书(一式两份),并在收到资助通知之日起20日内完成审核,提交自然科学基金委。

自然科学基金委应当自收到项目计划书之日起30日内审核项目计划书,并在核准后将其中1份返还依托单位。核准后的项目计划书作为项目实施、经费拨付、检查和结题的依据。

项目负责人除根据资助通知书要求对申请书内容进行调整外,不得对其他内容进行变更。

逾期未提交项目计划书且在规定期限内未说明理由的,视为放弃接受资助。

第二十二条　项目负责人应当按照项目计划书组织开展研究工作,做好资助项目实施情况的原始记录,填写项目年度进展报告。

依托单位应当审核项目年度进展报告并于次年1月15日前提交自然科学基金委。

第二十三条　自然科学基金委应当审查提交的项目年度进展报告。对未按时提交的,责令其在10日内提交,并视情节按有关规定处理。

第二十四条　自然科学基金委应当对面上项目的实施情况进

行抽查。

第二十五条 面上项目实施过程中,依托单位不得擅自变更项目负责人。

项目负责人有下列情形之一的,依托单位应当及时提出变更项目负责人或者终止项目实施的申请,报自然科学基金委批准;自然科学基金委也可以直接作出终止项目实施的决定:

(一)不再是依托单位科学技术人员的;

(二)不能继续开展研究工作的;

(三)有剽窃他人科学研究成果或者在科学研究中有弄虚作假等行为的。

项目负责人调入另一依托单位工作的,经所在依托单位与原依托单位协商一致,由原依托单位提出变更依托单位的申请,报自然科学基金委批准。协商不一致的,自然科学基金委作出终止该项目负责人所负责的项目实施的决定。

第二十六条 依托单位和项目负责人应当保证参与者的稳定。

参与者不得擅自增加或者退出。由于客观原因确实需要增加或者退出的,由项目负责人提出申请,经依托单位审核后报自然科学基金委批准。新增加的参与者应当符合本办法第七条的要求。

第二十七条 项目负责人或者参与者变更单位以及增加参与者的,合作研究单位的数量应当符合本办法第八条第二款的要求。

第二十八条 项目实施过程中,研究内容或者研究计划需要作出重大调整的,项目负责人应当及时提出申请,经依托单位审核后报自然科学基金委批准。

第二十九条 由于客观原因不能按期完成研究计划的,项目负责人可以申请延期1次，申请延长的期限不得超过2年。

项目负责人应当于项目资助期限届满60日前提出延期申请，经依托单位审核后报自然科学基金委批准。

批准延期的项目在结题前应当按时提交项目年度进展报告。

第三十条　发生本办法第二十五条、第二十六条、第二十八条、第二十九条情形，自然科学基金委作出批准、不予批准和终止决定的，应当及时通知依托单位和项目负责人。

第三十一条　自项目资助期满之日起60日内，项目负责人应当撰写结题报告、编制项目资助经费决算；取得研究成果的，应当同时提交研究成果报告。项目负责人应当对结题材料的真实性负责。

依托单位应当对结题材料的真实性和完整性进行审核，统一提交自然科学基金委。

对未按时提交结题报告和经费决算表的，自然科学基金委责令其在10日内提交，并视情节按有关规定处理。

第三十二条　自然科学基金委应当自收到结题材料之日起90日内进行审查。对符合结题要求的，准予结题并书面通知依托单位和项目负责人。

有下列情况之一的，责令改正并视情节按有关规定处理：

（一）提交的结题报告材料不齐全或者手续不完备的；

（二）提交的资助经费决算手续不全或者不符合填报要求的；

（三）其他不符合自然科学基金委要求的情况。

第三十三条　自然科学基金委应当公布准予结题项目的结题报告、研究成果报告和项目申请摘要。

第三十四条　发表面上项目取得的研究成果，应当按照自然科学基金委成果管理的有关规定注明得到国家自然科学基金资助。

第三十五条 面上项目研究形成的知识产权的归属、使用和转移,按照国家有关法律、法规执行。

第四章 附 则

第三十六条 本办法自公布之日起施行。

国家自然科学基金重点项目管理办法

1. 2009 年 9 月 27 日国家自然科学基金委员会委务会议通过
2. 2011 年 4 月 12 日国家自然科学基金委员会委务会议修订通过
3. 2015 年 12 月 4 日国家自然科学基金委员会委务会议修订通过

第一章　总　　则

第一条　为了规范和加强国家自然科学基金重点项目（以下简称重点项目）管理，根据《国家自然科学基金条例》（以下简称《条例》），制定本办法。

第二条　重点项目支持科学技术人员针对已有较好基础的研究方向或者学科生长点开展深入、系统的创新性研究，促进学科发展，推动若干重要领域或者科学前沿取得突破。

重点项目应当体现有限目标、有限规模、重点突出的原则，重视学科交叉与渗透，有效利用国家和部门科学研究基地的条件，积极开展实质性的国际合作与交流。

第三条　国家自然科学基金委员会（以下简称自然科学基金委）在重点项目管理过程中履行下列职责：

（一）制定并发布年度项目指南；

（二）受理项目申请；

（三）组织专家进行评审；

（四）批准资助项目；

（五）管理和监督资助项目实施。

第四条　重点项目的经费使用与管理，按照国家自然科学基金资助项目经费管理的有关规定执行。

第二章　项目指南制定

第五条　自然科学基金委应当根据基金发展规划和基金资助工作评估报告制定年度项目指南。

年度项目指南应当体现优先发展领域、学科发展战略，明确受理重点项目申请的研究领域或者研究方向。

第六条　自然科学基金委制定年度项目指南应当广泛听取意见、组织专家评审组会议进行论证。

专家评审组对拟列入年度项目指南的研究领域或者研究方向，应当以无记名投票的方式表决，以出席会议评审专家的过半数通过。

第七条　自然科学基金委根据专家评审组论证意见制定年度项目指南，并在接收项目申请起始之日30日前公布。

第八条　因国家经济、社会发展特殊需要或者其他特殊情况临时制定的重点项目指南，应当经过专家论证，并在接收项目申请起始之日30日前公布。

第三章　申请与受理

第九条　依托单位的科学技术人员具备下列条件的，可以申请重点项目：

（一）具有承担基础研究课题的经历；

（二）具有高级专业技术职务（职称）。

正在博士后流动站或工作站内从事研究、正在攻读研究生学位以及《条例》第十条第二款所列的科学技术人员不得申请。

第十条　申请重点项目的数量应当符合下列要求：

（一）具有高级专业技术职务（职称）的人员，同年申请重点项目不得超过 1 项；

（二）年度项目指南中对申请数量的限制。

第十一条　申请人应当是申请重点项目的实际负责人，限为 1 人。

参与者与申请人不是同一单位的，参与者所在单位视为合作研究单位，合作研究单位的数量不得超过 2 个。

重点项目研究期限为 5 年。

第十二条　申请人应当按照年度项目指南要求，通过依托单位提出书面申请。申请人应当对所提交的申请材料的真实性负责。

依托单位应当对申请材料的真实性和完整性进行审核，统一提交自然科学基金委。

申请人可以向自然科学基金委提供 3 名以内不适宜评审其项目申请的通讯评审专家名单。

第十三条　申请人或者具有高级专业技术职务（职称）的参与者的单位有下列情况之一的，应当在申请时注明：

（一）同年申请或者参与申请各类项目的单位不一致的；

（二）与正在承担的各类项目的单位不一致的。

第十四条　自然科学基金委应当自项目申请截止之日起 45

日内完成对申请材料的初步审查。符合本办法规定的,予以受理并公布申请人基本情况和依托单位名称、申请项目名称。有下列情形之一的,不予受理,通过依托单位书面通知申请人,并说明理由:

(一)申请人不符合本办法规定条件的;

(二)申请材料不符合年度项目指南要求的;

(三)未在规定期限内提交申请的;

(四)申请人、参与者在不得申请或者参与申请国家自然科学基金资助的处罚期内的;

(五)依托单位在不得作为依托单位的处罚期内的。

第四章 评审与批准

第十五条 自然科学基金委负责组织同行专家对受理的项目申请进行评审。

第十六条 评审专家对项目申请应当从科学价值、创新性、社会影响以及研究方案的可行性等方面进行独立判断和评价,提出评审意见。

评审专家提出评审意见时还应当按照本办法第二条的要求考虑以下几个方面:

(一)申请人和参与者的研究经历;

(二)研究队伍构成、研究基础和相关的研究条件;

(三)申请人完成基金资助项目的情况;

(四)研究内容获得其他资助的情况;

(五)项目申请经费使用计划的合理性。

第十七条　对于已受理的项目申请，自然科学基金委应当根据申请书内容和有关评审要求从同行专家库中随机选择5名以上专家进行通讯评审。对同一研究领域或者研究方向的项目申请应当选择同一组专家评审。

对于申请人提供的不适宜评审其项目申请的评审专家名单，自然科学基金委在选择评审专家时应当根据实际情况予以考虑。

每份项目申请的有效评审意见不得少于5份。

第十八条　自然科学基金委应当根据通讯评审情况对项目申请进行排序和分类，确定参加会议评审的项目申请。

第十九条　会议评审专家应当来自专家评审组，根据需要可以特邀其他专家参加会议评审。到会评审专家应当为9人以上。

自然科学基金委应当向会议评审专家提供年度资助计划、项目申请书和通讯评审意见等评审材料。

被确定参加会议评审的项目，其申请人应当到会答辩，不到会答辩的，视为放弃申请。确因不可抗力不能到会答辩的，申请人经自然科学基金委批准可以委托项目参与者到会答辩。

会议评审专家应当在充分考虑申请人答辩情况、通讯评审意见和资助计划的基础上，对会议评审项目以无记名投票的方式表决，建议予以资助的项目应当以出席会议评审专家的过半数通过。

第二十条　自然科学基金委根据本办法的规定和专家会议表决结果，决定予以资助的项目。

第二十一条　自然科学基金委决定予以资助的，应当根据专家评审意见以及资助额度等及时制作资助通知书，书面通知依托单位和申请人，并公布申请人基本情况以及依托单位名称、申请项目名称、资助额度等；决定不予资助的，应当及时书面通知申请人和依托单位,并说明理由。

自然科学基金委应当整理专家评审意见,并向申请人和依托单位提供。

第二十二条 申请人对不予受理或者不予资助的决定不服的,可以自收到通知之日起 15 日内,向自然科学基金委提出书面复审申请。对评审专家的学术判断有不同意见,不得作为提出复审申请的理由。

自然科学基金委应当按照有关规定对复审申请进行审查和处理。

第五章 实施与管理

第二十三条 自然科学基金委应当公告予以资助项目的名称以及依托单位名称,公告期为 5 日。公告期满视为依托单位和项目负责人收到资助通知。

依托单位应当组织项目负责人按照资助通知书的要求填写项目计划书(一式两份),并在收到资助通知之日起 20 日内完成审核,提交自然科学基金委。

自然科学基金委应当自收到项目计划书之日起 30 日内审核项目计划书,并在核准后将其中 1 份返还依托单位。核准后的项目计划书作为项目实施、经费拨付、检查和结题的依据。

项目负责人除根据资助通知书要求对申请书内容进行调整外,不得对其他内容进行变更。

逾期未提交项目计划书且在规定期限内未说明理由的,视为放弃接受资助。

第二十四条　项目负责人应当按照项目计划书组织开展研究工作，做好资助项目实施情况的原始记录，填写项目年度进展报告。

依托单位应当审核项目年度进展报告并于次年1月15日前提交自然科学基金委。

第二十五条　自然科学基金委应当审查提交的项目年度进展报告。对未按时提交的，责令其在10日内提交，并视情节按有关规定处理。

第二十六条　自然科学基金委应当在重点项目实施中期，组织同行专家对项目进展和经费使用情况等进行检查。

中期检查采取会议或者通讯评审方式进行。相近领域项目应当集中进行交流与评审。中期检查专家应当为5人以上，其中应当包括参加过该项目评审的专家。

自然科学基金委应当整理中期检查意见，作出是否继续资助的决定并向依托单位和项目负责人提供。

第二十七条　重点项目实施过程中，一般不得变更依托单位，依托单位不得擅自变更项目负责人。

项目负责人有下列情形之一的，依托单位应当及时提出变更项目负责人或者终止项目实施的申请，报自然科学基金委批准；自然科学基金委也可以直接作出终止项目实施的决定：

（一）不再是依托单位科学技术人员的；

（二）不能继续开展研究工作的；

（三）有剽窃他人科学研究成果或者在科学研究中有弄虚作假等行为的。

第二十八条　依托单位和项目负责人应当保证参与者的

稳定。

参与者不得擅自增加或者退出。由于客观原因确实需要增加或者退出的,由项目负责人提出申请,经依托单位审核后报自然科学基金委批准。

新增加的参与者应当符合本办法第十条的要求。退出的参与者1年内不得申请重点项目和自然科学基金委规定的其他相关类型项目。

第二十九条 参与者变更单位以及增加参与者的,合作研究单位的数量应当符合本办法第十一条第二款的要求。

第三十条 项目实施过程中,研究内容或者研究计划需要作出重大调整的,项目负责人应当及时提出申请,经依托单位审核后报自然科学基金委批准。

第三十一条 由于客观原因不能按期完成研究计划的,项目负责人可以申请延期1次,申请延长的期限不得超过2年。

项目负责人应当于项目资助期限届满60日前提出延期申请,经依托单位审核后报自然科学基金委批准。

批准延期的项目在结题前应当按时提交项目年度进展报告。

第三十二条 发生本办法第二十七条、第二十八条、第三十条、第三十一条情形,自然科学基金委作出批准、不予批准和终止决定的,应当及时通知依托单位和项目负责人。

第六章 结 题

第三十三条 自项目资助期满之日起60日内,项目负责人应当撰写结题报告、编制项目资助经费决算;取得研究成果的,应当同时提交研究成果报告。项目负责人应当对结题材料的真实性负责。

依托单位应当对结题材料的真实性和完整性进行审核，统一提交自然科学基金委。

第三十四条　有下列情况之一的，自然科学基金委应当责令依托单位和项目负责人 10 日内提交或者改正；逾期不提交或者改正的，视情节按有关规定处理：

（一）未按时提交结题报告的；

（二）未按时提交资助经费决算的；

（三）提交的结题报告材料不齐全或者手续不完备的；

（四）提交的资助经费决算手续不全或者不符合填报要求的；

（五）其他不符合自然科学基金委要求的情况。

第三十五条　自然科学基金委自收到结题材料之日起 90 日内，应组织同行专家对重点项目完成情况通过通讯评审或会议评审方式进行结题审查。

第三十六条　评审专家应当从以下方面审查重点项目的完成情况，并向自然科学基金委提供评价意见：

（一）项目计划执行情况；

（二）研究成果情况；

（三）人才培养情况；

（四）国际合作与交流情况；

（五）资助经费的使用情况。

第三十七条　自然科学基金委根据结题材料提交的情况和评审专家的意见，作出予以结题的决定并书面通知依托单位和项目负责人。

第三十八条 自然科学基金委应当公布准予结题项目的结题报告、研究成果报告和项目申请摘要。

第三十九条 发表重点项目取得的研究成果,应当按照自然科学基金委成果管理的有关规定注明得到国家自然科学基金资助。

第四十条 重点项目研究形成的知识产权的归属、使用和转移,按照国家有关法律、法规执行。

第七章 附 则

第四十一条 重点项目评审、中期检查和结题审查,执行自然科学基金委项目评审回避与保密的有关规定。

第四十二条 本办法自公布之日起施行。

国家自然科学基金重大项目管理办法

1. 2002 年 11 月 22 日国家自然科学基金委员会委务会议通过
2. 2015 年 7 月 7 日国家自然科学基金委员会委务会议修订通过

第一章 总 则

第一条 为了规范和加强国家自然科学基金重大项目(以下简称重大项目)管理,根据《国家自然科学基金条例》,制定本办法。

第二条 重大项目面向科学前沿和国家经济、社会、科技发展及国家安全的重大需求中的重大科学问题,超前部署,开展多学科交叉研究和综合性研究,充分发挥支撑与引领作用,提升我国基础研究源头创新能力。

第三条 国家自然科学基金委员会(以下简称自然科学基金委)在重大项目管理过程中履行下列职责:

(一)确立项目领域;

(二)制定并发布项目指南;

(三)受理项目申请;

(四)组织专家进行评审;

(五)批准资助项目;

(六)管理和监督资助项目实施。

第四条 重大项目实行成本补偿的资助方式,资金的使用与管理按照《国家自然科学基金资助项目资金管理办法》执行。

第二章　立项与指南制定

第五条　自然科学基金委应当按照本办法第二条规定的原则公开征集重大项目领域建议，在广泛征求意见的基础上，组织专家进行论证，提出拟立项的重大项目领域。

科学部专家咨询委员会应当对拟立项的重大项目领域差额遴选，按照记名投票的方式表决，以出席会议成员的过半数通过。

第六条　自然科学基金委应当根据基金发展规划、优先发展领域、基金资助工作评估报告和科学部专家咨询委员会意见确立重大项目立项领域并制定年度重大项目指南。

第七条　年度重大项目指南应当明确受理重大项目申请的研究领域、科学目标、研究期限和受理申请的注意事项等内容。

第八条　自然科学基金委应当在接收项目申请起始之日 30 日前公布年度重大项目指南。

第九条　每个重大项目应当围绕科学目标设置不多于 5 个重大项目课题，课题之间应当有机联系并体现学科交叉。

自然科学基金委只接收重大项目申请人组织课题申请人联合提出的重大项目申请，重大项目的申请人应当是其中 1 个课题的申请人。

第十条　除了相关条款做出特别规定外，本办法中的申请人包括重大项目申请人和重大项目课题申请人；项目负责人包括重大项目主持人和重大项目课题负责人；参与者是指除了重大项目主持人和重大项目课题负责人之外的参与人员。

第三章　申请与受理

第十一条　依托单位的科学技术人员具备下列条件的，可以申请重大项目或者重大项目课题：

（一）具有承担基础研究课题的经历；

（二）具有高级专业技术职务（职称）。

正在博士后流动站或者工作站内从事研究、正在攻读研究生学位以及无工作单位或者所在单位不是依托单位的科学技术人员均不得申请。

重大项目的申请人还应当具有较高的学术造诣，在本领域具有较高的影响力和较强的凝聚研究队伍能力。

第十二条　申请重大项目或者重大项目课题的数量应当符合年度项目指南中对申请和承担项目数量的限制。

第十三条　申请人应当是申请重大项目或者重大项目课题的实际负责人，各限为 1 人。

重大项目课题申请人与参与者不是同一单位的，参与者所在单位视为合作研究单位。每个课题的合作研究单位的数量不得超过 2 个。每个重大项目依托单位和合作研究单位数量合计不得超过 5 个。

重大项目研究期限一般为 5 年。

第十四条　申请人应当按照重大项目指南要求，通过依托单位提出书面申请。申请人应当对所提交的申请材料的真实性负责。

依托单位应当对申请材料的真实性和完整性进行审核，并提交自然科学基金委。

重大项目申请人可以向自然科学基金委提供3名以内不适宜评审项目申请的通讯评审专家名单。

第十五条 申请人或者具有高级专业技术职务(职称)的参与者的单位有下列情况之一的,应当在申请时注明:

(一)同年申请或者参与申请各类项目的单位不一致的;

(二)与正在承担的各类项目的单位不一致的。

第十六条 自然科学基金委应当自重大项目申请截止之日起45日内完成对申请材料的初步审查。符合本办法规定的,予以受理并公布申请人基本情况和依托单位名称、申请项目及课题名称。有下列情形之一的,不予受理,通过依托单位书面通知申请人,并说明理由:

(一)申请人不符合本办法规定条件的;

(二)申请材料不符合重大项目指南要求的;

(三)未在规定期限内提交申请的;

(四)申请人、参与者在不得申请或者参与申请国家自然科学基金资助的处罚期内的;

(五)依托单位在不得作为依托单位的处罚期内的。

第四章 评审与批准

第十七条 自然科学基金委负责组织评审专家对受理的重大项目申请进行评审。评审程序包括通讯评审和会议评审。

第十八条 评审专家对重大项目申请应当从科学价值、创新性、社会影响以及研究方案的可行性等方面进行独立判断和评价,提出评审意见。

评审专家提出评审意见时还应当按照本办法第二条的要求考虑以下几个方面：

（一）科学问题凝练和科学目标明确情况；

（二）围绕总体科学目标，课题之间的有机联系；

（三）申请人和参与者的研究经历；

（四）研究队伍构成、研究基础和相关的研究条件；

（五）申请人完成基金资助项目的情况；

（六）研究内容获得其他资助的情况；

（七）资金预算编制的合理性。

第十九条　对于已受理的重大项目申请，自然科学基金委根据申请书内容和有关评审要求，随机选取5名以上同行专家进行通讯评审。对交叉领域项目应当注意专家的学科覆盖面。

对于重大项目申请人提供的不适宜评审重大项目申请的评审专家名单，自然科学基金委在选择评审专家时应当根据实际情况予以考虑。

每个重大项目申请的有效评审意见不得少于5份。

第二十条　自然科学基金委根据通讯评审意见确定参加会议评审的项目申请。

到会评审专家应当9人以上。自然科学基金委应当向会议评审专家提供年度资助计划、项目及课题申请书和通讯评审意见等评审材料。

第二十一条　被确定参加会议评审的项目申请，其申请人应当到会答辩，不到会答辩的，视为放弃申请。确因不可抗力不能到会答辩的，申请人经自然科学基金委批准可以委托参与者到会答辩。

会议评审专家应当在充分考虑申请人答辩情况、通讯评审意见和年度资助计划的基础上，对会议评审项目以记名投票的方式表决，建议予以资助的项目应当以出席会议评审专家的过半数通过。

自然科学基金委组织专家对建议予以资助的项目进行资金预算专项评审，并根据项目实际需求确定预算。

第二十二条 自然科学基金委根据本办法的规定和专家会议表决结果，决定予以资助的项目。

第二十三条 自然科学基金委决定予以资助的，应当根据专家评审意见以及资助额度等及时制作资助通知书，书面通知依托单位和申请人，并公布申请人基本情况以及依托单位名称、申请项目及课题名称、资助额度等；决定不予资助的，应当及时通知申请人和依托单位，并说明理由。

自然科学基金委应当整理专家评审意见，并向申请人和依托单位提供。

第二十四条 申请人对不予受理或者不予资助的决定不服的，可以自收到通知之日起 15 日内，向自然科学基金委提出书面复审申请。对评审专家的学术判断有不同意见，不得作为提出复审申请的理由。

自然科学基金委应当按照有关规定对复审申请进行审查和处理。

第五章　实施与管理

第二十五条 自然科学基金委应当公告予以资助重大项目及

课题的名称以及依托单位名称，公告期为 5 日。公告期满视为依托单位和项目负责人收到资助通知。

重大项目主持人应当按照资助通知书的要求组织重大项目课题负责人填写项目计划书（一式两份）。各依托单位应当在收到资助通知之日起 20 日内完成审核，提交自然科学基金委。

自然科学基金委应当自收到项目计划书之日起 30 日内审核项目计划书，并在核准后将其中 1 份返还依托单位。核准后的项目计划书作为项目实施、资金拨付、中期评估和结题审查的依据。

项目负责人除根据资助通知书要求对申请书内容进行调整外，不得对其他内容进行变更。

逾期未提交项目计划书且在规定期限内未说明理由的，视为放弃接受资助。

第二十六条　重大项目应当成立项目实施学术领导小组。组长为重大项目主持人，成员包括重大项目课题负责人以及若干相关专家。

重大项目学术领导小组应当通过以下方式促进项目实施：

（一）发挥学术指导作用，推进项目研究计划的实施；

（二）定期召集学术交流和工作协调会议；

（三）推动课题协作、促进学科交叉；

（四）加强国内外合作与交流。

第二十七条　项目负责人应当按照项目计划书组织开展研究工作，做好资助项目实施情况的原始记录，填写项目年度进展报告。

依托单位应当审核项目年度进展报告并于次年 1 月 15 日前提交自然科学基金委。

第二十八条 自然科学基金委应当审查提交的项目年度进展报告。对未按时提交的，责令其在10日内提交，并视情节按有关规定处理。

第二十九条 自然科学基金委应当在重大项目实施中期，组织专家对项目进展及资金使用和管理等进行评估。

中期评估采取会议评审方式进行。中期评估专家应当为9人以上，其中应当包括科学部专家咨询委员会相关成员和参加过该项目评审的专家。

评估专家应当就重大项目的进展情况、项目后期的实施方案等方面提出评估意见。自然科学基金委应当根据中期评估意见，作出是否继续资助的决定并向依托单位和项目负责人提供。

第三十条 重大项目实施过程中，一般不得变更依托单位，依托单位不得擅自变更项目负责人。

项目负责人有下列情形之一的，依托单位应当及时提出变更项目负责人或者终止项目（课题）实施的申请，报自然科学基金委批准；自然科学基金委也可以直接作出终止项目实施的决定：

（一）不再是依托单位科学技术人员的；

（二）不能继续开展研究工作的；

（三）有剽窃他人科学研究成果或者在科学研究中有弄虚作假等行为的。

重大项目课题负责人的变更还应当经重大项目主持人同意。

第三十一条 依托单位和项目负责人应当保证参与者的稳定。

参与者不得擅自增加或者退出。由于客观原因确实需要增加或者退出的，由重大项目课题负责人提出申请，重大项目主持人同意，经依托单位审核后报自然科学基金委批准。

新增加的参与者应当符合本办法第十二条的要求。退出的参与者1年内不得申请重大项目、重大项目课题和自然科学基金委规定的其他相关类型项目。

第三十二条　参与者变更单位以及增加参与者的，依托单位和合作研究单位的数量应当符合本办法第十三条要求。

第三十三条　项目实施过程中，根据中期评估专家的建议，项目的研究内容或者研究计划需要作出重大调整的，重大项目主持人应当及时提出申请，经依托单位审核后报自然科学基金委批准。

第三十四条　由于客观原因不能按期完成研究计划的，重大项目主持人可以申请延期1次，申请延长的期限不得超过2年。

重大项目主持人应当于项目资助期限届满60日前提出延期申请，经依托单位审核后报自然科学基金委批准。

批准延期的项目在结题前应当按时提交项目年度进展报告。

第三十五条　发生本办法第三十条、第三十一条、第三十三条、第三十四条情形，自然科学基金委作出批准、不予批准和终止决定的，应当及时通知依托单位和项目负责人。

第三十六条　重大项目实施过程中应当积极开展国际合作与交流活动，并将其纳入项目研究计划。项目学术领导小组应当定期检查国际合作与交流计划的执行情况。

第三十七条　重大项目实施过程中应当制定研究资源共享办法。项目负责人以及参与者应当共同遵守，保证课题之间的研究资源共享。

第六章　结题审查

第三十八条　自项目资助期满之日起60日内，项目负责人应当撰写结题报告、编制资金决算；取得研究成果的，应当同时提交研究成果报告。重大项目主持人应当对结题材料的真实性负责。

依托单位应当对结题材料的真实性和完整性进行审核，并提交自然科学基金委。

第三十九条　有下列情况之一的，自然科学基金委应当责令依托单位和项目负责人10日内提交或者改正；逾期不提交或者改正的，视情节按有关规定处理：

（一）未按时提交结题报告的；

（二）未按时提交资金决算的；

（三）提交的结题报告材料不齐全或者手续不完备的；

（四）提交的资金决算手续不全或者不符合填报要求的；

（五）其他不符合自然科学基金委要求的情况。

第四十条　自然科学基金委应当自收到结题材料之日起90日内，组织专家对重大项目完成情况进行结题审查及财务验收。

结题审查采取会议评审方式。会议评审专家不少于9人，其中应当包括参加过该项目评审或者中期评估的专家。

第四十一条　评审专家应当主要从以下几个方面审查重大项目完成情况，并向自然科学基金委提供评价意见：

（一）重大项目的预期目标实现情况；

（二）研究内容的完成情况；

（三）取得的研究成果情况；

（四）人才培养情况；

（五）国际合作与交流情况；

（六）项目组织管理和资金使用情况。

第四十二条　自然科学基金委根据结题材料提交的情况和评审专家的意见，作出予以结题的决定并书面通知依托单位和项目负责人。

第四十三条　自然科学基金委应当公布准予结题的重大项目和重大项目课题的结题报告、研究成果报告和申请摘要。

第四十四条　重大项目取得的研究成果，应当按照自然科学基金委成果管理的有关规定注明得到国家自然科学基金资助。

第四十五条　重大项目研究形成的知识产权的归属、使用和转移，按照国家有关法律、法规执行。

第七章　附　　则

第四十六条　重大项目评审、中期评估和结题审查，执行自然科学基金项目评审回避与保密的有关规定。

第四十七条　本办法自 2015 年 9 月 1 日起施行。2002 年 12 月 13 日公布的《国家自然科学基金重大项目管理办法》同时废止。

国家自然科学基金国际(地区)合作研究项目管理办法

2009 年 9 月 27 日国家自然科学基金委员会委务会议通过

第一章　总　　则

第一条　为了规范和加强国家自然科学基金国际(地区)合作研究项目(以下简称合作研究项目)管理,根据《国家自然科学基金条例》(以下简称《条例》),制定本办法。

第二条　合作研究项目资助科学技术人员立足国际科学前沿,有效利用国际科技资源,本着平等合作、互利互惠、成果共享的原则开展实质性国际合作研究,提高我国科学研究水平和国际竞争能力。

第三条　合作研究项目包括重大国际(地区)合作研究项目和组织间国际(地区)合作研究项目(以下简称重大合作研究项目和组织间合作研究项目)。

第四条　国家自然科学基金委员会(以下简称自然科学基金委)鼓励以下合作研究项目的申请:

(一)利用国际大型科学设施开展的研究工作;

(二)组织或者参与国际大型科学研究项目和计划。

第五条　自然科学基金委在合作研究项目管理过程中履行下列职责:

（一）制定并发布项目指南；

（二）受理项目申请；

（三）组织专家进行评审；

（四）批准资助项目；

（五）管理和监督资助项目实施。

第六条　合作研究项目的经费使用与管理，按照国家自然科学基金资助项目经费管理的有关规定执行。

第七条　组织间协议对组织间合作研究项目管理有特殊约定的，从其约定。

第二章　申请与受理

第八条　自然科学基金委应当根据基金发展规划、国际（地区）合作政策和基金资助工作评估报告制定合作研究项目年度项目指南。

年度项目指南应当体现优先发展领域、学科发展战略，明确鼓励的研究领域或者研究方向。

第九条　自然科学基金委制定合作研究项目年度项目指南应当广泛听取意见、组织专家进行论证。年度项目指南应当在受理项目申请起始之日30日前公布。

第十条　依托单位的科学技术人员具备下列条件的，可以申请合作研究项目：

（一）具有高级专业技术职务（职称）；

（二）作为项目负责人正在承担或者承担过3年期以上科学基金资助项目；

（三）与国外（地区）合作者具有良好的合作基础。

第十一条 申请合作研究项目的数量应当符合下列要求：

（一）具有高级专业技术职务（职称）的人员，同年申请或者参与申请合作研究项目不得超过1项；

（二）正在承担合作研究项目的负责人和具有高级专业技术职务（职称）的参与者不得申请或者参与申请；

（三）年度项目指南中对申请数量的限制。

第十二条 申请人应当是申请合作研究项目的实际负责人，限为1人。

参与者与申请人不是同一单位的，参与者所在单位视为国内合作研究单位，国内合作研究单位的数量不得超过2个。

合作研究项目的研究期限一般为3年。

第十三条 合作研究项目申请人应当提供与国外（地区）合作者签订的合作研究协议书。

合作研究协议书应当包括：

（一）合作研究内容和所要达到的研究目标；

（二）合作双方负责人和主要参与者；

（三）合作研究的期限、方式和计划；

（四）知识产权的归属、使用和转移；

（五）相关经费预算等事项。

第十四条 申请人应当按照项目指南要求，通过依托单位提出书面申请。申请人应当对所提交的申请材料的真实性负责。

依托单位应当对申请材料的真实性和完整性进行审核，统一提交自然科学基金委。

申请人可以向自然科学基金委提供3名以内不适宜评审其项

目申请的通讯评审专家名单。

第十五条　申请人或者具有高级专业技术职务（职称）的参与者的单位有下列情况之一的，应当在申请时注明：

（一）同年申请或者参与申请各类项目的单位不一致的；

（二）与正在承担的各类项目的单位不一致的。

第十六条　自然科学基金委应当自项目申请截止之日起45日内完成对申请材料的初步审查。符合本办法规定的，予以受理并公布申请人基本情况和依托单位名称、申请项目名称。有下列情形之一的，不予受理，通过依托单位书面通知申请人，并说明理由：

（一）申请人不符合本办法规定条件的；

（二）申请材料不符合年度项目指南要求的；

（三）未在规定期限内提交申请的；

（四）申请人、参与者在不得申请或者参与申请国家自然科学基金资助的处罚期内的；

（五）依托单位在不得作为依托单位的处罚期内的。

第三章　评审与批准

第十七条　自然科学基金委负责组织同行专家对受理的项目申请进行评审。

第十八条　评审专家对项目申请应当从科学价值、创新性、社会影响以及研究方案的可行性等方面进行独立判断和评价，提出评审意见。

评审专家提出评审意见时还应当按照本办法第二条的要求考

虑以下几个方面：

（一）合作各方的研究基础和条件；

（二）开展合作的意义和基础；

（三）合作方案的合理性和可行性；

（四）承担基金资助项目的进展情况或者完成情况；

（五）项目申请经费使用计划的合理性。

第十九条 对于已受理的项目申请，自然科学基金委应当根据申请书内容和有关评审要求从同行专家库中随机选择5名以上专家进行通讯评审。对同一研究领域或者研究方向的项目申请应当选择同一组专家评审。

对于申请人提供的不适宜评审其项目申请的评审专家名单，自然科学基金委在选择评审专家时应当根据实际情况予以考虑。

每份项目申请的有效评审意见不得少于5份。

第二十条 通讯评审完成后，自然科学基金委应当组织专家对项目申请进行会议评审。自然科学基金委应当根据通讯评审意见对项目申请进行排序和分类，确定进行会议评审的项目申请。

第二十一条 会议评审专家应当来自专家评审组，根据需要可以特邀其他专家参加会议评审，到会评审专家应当为9人以上。

自然科学基金委应当向会议评审专家提供年度资助计划、项目申请书和通讯评审意见等评审材料。

被确定参加会议评审的项目，其申请人应当到会答辩，不到会答辩的，视为放弃申请。确因不可抗力不能到会答辩的，申请人经自然科学基金委批准可以委托项目参与者到会答辩。

会议评审专家应当在充分考虑申请人答辩情况、通讯评审意见和资助计划的基础上，对会议评审项目以无记名投票的方式表决,建议予以资助的项目应当以出席会议评审专家的过半数通过。

第二十二条 自然科学基金委根据本办法的规定和专家会议表决结果,决定予以资助的项目。

第二十三条 自然科学基金委决定予以资助的,应当根据专家评审意见以及资助额度等及时制作资助通知书,书面通知依托单位和申请人,并公布申请人基本情况以及依托单位名称、申请项目名称、资助额度等;决定不予资助的,应当及时书面通知申请人和依托单位,并说明理由。

自然科学基金委应当整理专家评审意见,并向申请人和依托单位提供。

第二十四条 申请人对不予受理或者不予资助的决定不服的,可以自收到通知之日起 15 日内,向自然科学基金委提出书面复审申请。对评审专家的学术判断有不同意见,不得作为提出复审申请的理由。

自然科学基金委应当按照有关规定对复审申请进行审查和处理。

第四章 实施与管理

第二十五条 自然科学基金委应当公告予以资助项目的名称以及依托单位名称,公告期为 5 日。公告期满视为依托单位和项目负责人收到资助通知。

依托单位应当组织项目负责人按照资助通知书的要求填写项目计划书(一式两份),并在收到资助通知之日起 20 日内完成审核,提交自然科学基金委。

自然科学基金委应当自收到项目计划书之日起30日内审核项目计划书,并在核准后将其中1份返还依托单位。核准后的项目计划书作为项目实施、经费拨付、检查和结题的依据。

项目负责人除根据资助通知书要求对申请书内容进行调整外,不得对其他内容进行变更。

逾期未提交项目计划书且在规定期限内未说明理由的,视为放弃接受资助。

第二十六条 项目负责人应当按照项目计划书组织开展研究工作,做好资助项目实施情况的原始记录,填写项目年度进展报告。

依托单位应当审核项目年度进展报告并于次年1月15日前提交自然科学基金委。

第二十七条 自然科学基金委应当审查提交的项目年度进展报告。对未按时提交的,责令其在10日内提交,并视情节按有关规定处理。

第二十八条 合作研究项目实施过程中,一般不得变更依托单位,依托单位不得擅自变更项目负责人。

项目负责人有下列情形之一的,依托单位应当及时提出终止项目实施的申请,报自然科学基金委批准;自然科学基金委也可以直接作出终止项目实施的决定:

(一)不再是依托单位科学技术人员的;

(二)不能继续开展研究工作的;

(三)有剽窃他人科学研究成果或者在科学研究中有弄虚作假等行为的。

第二十九条 国外(地区)合作者不能继续开展合作研究的,

项目负责人应当及时通知依托单位，依托单位应当提出终止项目实施的申请，报自然科学基金委批准；自然科学基金委也可以直接作出终止项目实施的决定。

第三十条 依托单位和项目负责人应当保证参与者的稳定。

参与者不得擅自增加或者退出。由于客观原因确实需要增加或者退出的，由项目负责人提出申请，经依托单位审核后报自然科学基金委批准。

新增加的参与者应当符合本办法第十一条的要求。退出的参与者1年内不得申请合作研究项目和自然科学基金委规定的其他相关类型项目。

第三十一条 参与者变更单位以及增加参与者的，合作研究单位的数量应当符合本办法第十二条第二款的要求。

第三十二条 项目实施过程中，合作研究内容、合作计划或者国外（地区）合作者需要作出重大调整的，项目负责人应当及时提出申请，经依托单位审核后报自然科学基金委批准。

第三十三条 由于客观原因不能按期完成研究计划的，项目负责人可以申请延期1次，申请延长的期限不得超过2年。

项目负责人应当于项目资助期限届满60日前提出延期申请，经依托单位审核后报自然科学基金委批准。

批准延期的项目在结题前应当按时提交项目年度进展报告。

第三十四条 发生本办法第二十八条、第二十九条、第三十条、第三十二条、第三十三条情形，自然科学基金委作出批准、不予批准和终止决定的，应当及时通知依托单位和项目负责人。

第五章　结　　题

第三十五条　自项目资助期满之日起60日内,项目负责人应当撰写结题报告、编制项目资助经费决算;取得研究成果的,应当同时提交研究成果报告。项目负责人应当对结题材料的真实性负责。

依托单位应当对结题材料的真实性和完整性进行审核,统一提交自然科学基金委。

第三十六条　有下列情况之一的,自然科学基金委应当责令依托单位和项目负责人10日内提交或者改正;逾期不提交或者改正的,视情节按有关规定处理:

(一)未按时提交结题报告的;

(二)未按时提交资助经费决算的;

(三)提交的结题报告材料不齐全或者手续不完备的;

(四)提交的资助经费决算手续不全或者不符合填报要求的;

(五)其他不符合自然科学基金委要求的情况。

第三十七条　自然科学基金委应当自收到结题材料之日起90日内,组织同行专家对项目完成情况进行审查。

审查采取会议评审方式进行。会议评审专家应当为5人以上,其中应当包括参加过该项目评审的专家。

第三十八条　评审专家应当从以下方面审查项目的国际(地区)合作与交流成效,并向自然科学基金委提供项目完成情况的评价意见:

(一)项目计划执行情况;

（二）合作研究成果情况；

（三）人才培养情况；

（四）资助经费使用情况。

第三十九条　自然科学基金委根据结题材料提交的情况和评审专家的意见，作出予以结题的决定并书面通知依托单位和项目负责人。

第四十条　自然科学基金委应当公布准予结题项目的结题报告、研究成果报告和项目申请摘要。

第四十一条　发表合作研究项目取得的研究成果，应当按照自然科学基金委成果管理的有关规定注明得到国家自然科学基金资助。

第四十二条　合作研究项目研究形成的知识产权的归属、使用和转移，按照国家有关法律、法规执行。

第六章　附　　则

第四十三条　本办法中所称重大合作研究项目是自然科学基金委资助科学技术人员与国外（地区）合作者开展的合作研究项目；组织间合作研究项目是自然科学基金委与外国（地区）基金组织、科研机构或者国际组织共同组织和资助科学技术人员开展的双边或者多边合作研究项目。

第四十四条　合作研究项目的内容不得涉及国家秘密，实施过程中应当遵守国家有关保密的法律法规。

合作研究项目的评审和结题审查，执行自然科学基金委项目评审回避与保密的有关规定。

第四十五条 本办法自2010年1月1日起施行。2005年5月10日公布的《重大国际(地区)合作研究项目资助管理办法》同时废止。

国家自然科学基金国际(地区)合作交流项目管理办法

2014 年 2 月 18 日国家自然科学基金委员会委务会议通过

第一章　总　　则

第一条　为了规范和加强国家自然科学基金国际(地区)合作交流项目(以下简称"合作交流项目")的管理,根据《国家自然科学基金条例》(以下简称《条例》),制定本办法。

第二条　合作交流项目资助科学技术人员开展国际(地区)学术交流,创造合作机遇,密切合作联系,为推动实质性合作奠定基础。

第三条　合作交流项目是指国家自然科学基金委员会(以下简称自然科学基金委)在与境外科学基金组织、科研机构或者国际组织(以下简称对口组织机构)签署的双(多)边协议框架下,资助的以下合作交流活动:

(一)人员交流;

(二)在境内举办双(多)边会议;

(三)出国(境)参加双(多)边会议;

(四)其他交流活动。

第四条　自然科学基金委在合作交流项目管理过程中履行以下职责:

（一）制定并发布年度项目指南；

（二）受理项目申请；

（三）组织专家进行评审；

（四）批准资助项目；

（五）管理和监督资助项目实施。

第五条 合作交流项目经费的使用与管理，按照国家自然科学基金资助项目经费管理的有关规定执行。

第六条 自然科学基金委与对口组织机构对合作交流项目的资助与管理有特殊约定的，从其约定。

第二章 申请与受理

第七条 自然科学基金委应当根据基金发展规划、国际（地区）合作政策、双（多）边协议和基金资助工作评估报告，制定合作交流项目年度项目指南。

第八条 自然科学基金委制定年度项目指南应当广泛听取意见。年度项目指南应当在项目申请起始之日30日前公布。

第九条 依托单位科学技术人员具备下列条件的，可以申请合作交流项目：

（一）正在承担3年期以上基金资助项目的项目负责人；

（二）正在承担3年期以上基金资助项目的参与者且具有高级专业技术职务（职称）或者博士学位，或者有2名与其研究领域相同、具有高级专业技术职务（职称）的科学技术人员推荐，并应当经基金资助项目负责人同意。

前款第（二）项中的基金资助项目参与者不包括《条例》第十

条第二款所列的无工作单位或者所在单位不是依托单位的人员。

第十条　依托单位科学技术人员具备下列条件的，可以作为参与者申请合作交流项目：

（一）正在承担3年期以上基金资助项目的项目负责人或者参与者；

（二）基金资助项目参与者应当经基金资助项目负责人同意。

本办法中正在承担的基金资助项目不包括正在承担的合作交流项目。

第十一条　限项要求按照年度项目指南中的有关规定执行。

第十二条　申请人应当是申请合作交流项目的实际负责人，限为1人。

第十三条　申请人应当按照年度项目指南要求，提出书面申请。申请人应当对所提交的申请材料的真实性负责。

依托单位应当对申请材料的真实性和完整性进行审核。

申请人可以向自然科学基金委提供3名以内不适宜评审其项目申请的通讯评审专家名单。

第十四条　申请人申请合作交流项目时，应当随申请书提供项目指南要求的相关材料。

需要提交与境外合作者签订的合作协议书时，合作协议书内容应当包括：合作交流领域、合作交流形式、合作交流计划、各方费用分担以及知识产权约定等事项。

第十五条　自然科学基金委应当自收到申请项目之后45日内完成对申请材料的初步审查。有下列情形之一的，不予受理，通过依托单位书面通知申请人，并说明理由：

（一）申请人不符合本办法规定条件的；

（二）申请材料不符合项目指南要求的；

（三）未在规定期限内提交申请的；

（四）申请人、参与者在不得申请或者参与申请国家自然科学基金资助的处罚期内的；

（五）依托单位在不得作为依托单位的处罚期内的。

第三章　评审与批准

第十六条　自然科学基金委负责组织同行专家对受理的项目申请进行评审。评审可以采用通讯评审或者会议评审的方式。

第十七条　评审专家对项目申请依据下列评审原则进行独立判断和评价，提出评审意见：

（一）与正在承担的基金资助项目的关系；

（二）对创造合作机遇和密切合作的作用；

（三）交流计划的可行性；

（四）经费预算的合理性；

（五）合作的预期成果。

第十八条　通讯评审时，自然科学基金委应当根据申请书内容和有关评审要求，从同行专家库中随机选择3名以上专家进行评审。

对于申请人提供的不适宜评审其项目申请的评审专家名单，自然科学基金委在选择评审专家时应当根据实际情况予以考虑。

第十九条　会议评审时，自然科学基金委应当组织专家对项目申请进行评审。到会评审专家应当为5人以上。

自然科学基金委应当向会议评审专家提供年度资助计划、项目申请书等评审材料。

会议评审专家应当对会议评审项目以无记名投票的方式表决,建议予以资助的项目应当以出席会议评审专家的过半数通过。

第二十条　自然科学基金委根据本办法的规定和评审结果,决定予以资助的项目。

第二十一条　自然科学基金委决定予以资助的,应当根据专家评审意见以及资助额度等及时制作资助通知书,通知依托单位和申请人,并公布申请人基本情况以及依托单位名称、项目名称、资助额度等;决定不予资助的,应当及时通知申请人和依托单位,并说明理由。

第二十二条　申请人对不予受理或者不予资助的决定不服的,可以自收到通知之日起 15 日内,向自然科学基金委提出复审申请。对评审专家的学术判断有不同意见,不得作为提出复审申请的理由。

自然科学基金委应当按照有关规定对复审申请进行审查和处理。

第四章　实施与管理

第二十三条　自然科学基金委应当公告予以资助项目的名称以及依托单位名称,公告期为 5 日。公告期满视为依托单位和项目负责人收到资助通知。

依托单位应当督促项目负责人按照资助通知书的要求填写项目计划书(一式两份),并在收到资助通知之日起 20 日内完成审核,提交自然科学基金委。

自然科学基金委应当自收到项目计划书之日起30日内审核项目计划书,并在核准后将其中1份返还依托单位。核准后的项目计划书作为项目实施、经费拨付、检查和结题的依据。

项目负责人除根据资助通知书要求对申请书内容及经费预算进行调整外,不得对其他内容进行变更。

逾期未提交项目计划书且在规定期限内未说明理由的,视为放弃接受资助。

第二十四条 执行期超过1年的合作交流项目,项目负责人须填写项目年度进展报告。

依托单位应当审核项目年度进展报告并于次年1月15日前提交自然科学基金委。

第二十五条 自然科学基金委应当审查提交的项目年度进展报告。对未按时提交的,责令其在10日内提交,并视情节按有关规定处理。

第二十六条 自然科学基金委应当对合作交流项目的实施情况进行抽查。

第二十七条 合作交流项目实施过程中,依托单位不得擅自变更项目负责人。

项目负责人有下列情形之一的,依托单位应当及时提出变更项目负责人或者终止项目实施的申请,报自然科学基金委批准;自然科学基金委也可以直接做出终止项目实施的决定:

(一)不再是依托单位科学技术人员的;

(二)不能继续开展合作交流工作的;

(三)有剽窃他人科学研究成果或者在科学研究中有弄虚作假等行为的。

项目负责人调入另一依托单位工作的，经所在依托单位与原依托单位协商一致的，由原依托单位提出变更依托单位的申请，报自然科学基金委批准。协商不一致的，自然科学基金委应当做出终止该项目负责人所负责的项目实施的决定。

第二十八条 项目实施过程中，合作交流内容需要做出重大调整的，项目负责人应当及时提出申请，经依托单位审核后报自然科学基金委批准。

第二十九条 项目执行期限在 1 年以内的，不得办理跨年度延期。项目执行期限超过 1 年的，由于客观原因不能按期完成的，项目负责人可以申请延期 1 次，申请延长的期限不得超过 1 年。

项目负责人应当于项目资助期限届满 60 日前提出延期申请，经依托单位审核后报自然科学基金委批准。

批准延期的项目在结题前应当按时提交项目年度进展报告。

第三十条 发生本办法第二十七条、第二十八条、第二十九条情形，自然科学基金委作出批准、不予批准和终止决定的，应当及时通知依托单位和项目负责人。

第五章 结　　题

第三十一条 项目负责人应当在自然科学基金委集中接收结题报告之前撰写结题报告、编制项目资助经费决算；取得成果的，应当同时提交成果报告。项目负责人应当对结题材料的真实性负责。

依托单位应当对结题材料的真实性和完整性进行审核，统一提交自然科学基金委。

对未按时提交结题报告和经费决算表的，自然科学基金委责令其在10日内提交，并视情节按有关规定处理。

第三十二条 自然科学基金委应当自收到结题材料之日起30日内进行审查。对符合结题要求的，准予结题并通知依托单位和项目负责人。

有下列情况之一的，责令改正并视情节按有关规定处理：

提交的结题报告材料不齐全或者手续不完备的；

提交的资助经费决算手续不全或者不符合填报要求的；

其他不符合自然科学基金委要求的情况。

第三十三条 自然科学基金委应当公布准予结题项目的结题报告。

第三十四条 发表基金资助项目取得的成果，应当按照自然科学基金委成果管理的有关规定注明得到国家自然科学基金资助。

第三十五条 合作交流项目形成的知识产权的归属、使用和转移，按照国家有关法律法规执行。

第六章 附　　则

第三十六条 合作交流项目的内容不得涉及国家秘密，实施过程中应当遵守国家有关保密的法律法规。

第三十七条 本办法自2015年1月1日起施行。2001年5月22日通过的《国家自然科学基金委员会资助国际合作研究项目实施办法》同时废止。

国家自然科学基金青年科学基金项目管理办法

1. 2009年9月27日国家自然科学基金委员会委务会议通过
2. 2011年4月12日国家自然科学基金委员会委务会议修订通过

第一章　总　　则

第一条　为了规范和加强国家自然科学基金青年科学基金项目(以下简称青年基金项目)管理,根据《国家自然科学基金条例》(以下简称《条例》),制定本办法。

第二条　青年基金项目支持青年科学技术人员在国家自然科学基金资助范围内自主选题,开展基础研究工作,培养青年科学技术人员独立主持科研项目、进行创新研究的能力。

第三条　国家自然科学基金委员会(以下简称自然科学基金委)在青年基金项目管理过程中履行以下职责:

(一)制定并发布年度项目指南;

(二)受理项目申请;

(三)组织专家进行评审;

(四)批准资助项目;

(五)管理和监督资助项目实施。

第四条　青年基金项目的经费使用与管理,按照国家自然科学基金资助项目经费管理的有关规定执行。

第二章　申请与评审

第五条　自然科学基金委根据基金发展规划、学科发展战略和基金资助工作评估报告，在广泛听取意见和专家评审组论证的基础上制定年度项目指南。年度项目指南应当在接收项目申请起始之日 30 日前公布。

第六条　依托单位的科学技术人员具备下列条件的，可以申请青年基金项目：

（一）具有从事基础研究的经历；

（二）具有高级专业技术职务（职称）或者具有博士学位，或者有 2 名与其研究领域相同、具有高级专业技术职务（职称）的科学技术人员推荐；

（三）申请当年 1 月 1 日男性未满 35 周岁，女性未满 40 周岁。

从事基础研究的科学技术人员具备前款规定的条件、无工作单位或者所在单位不是依托单位的，经与依托单位协商，并取得该依托单位的同意可以申请。依托单位应当将其视为本单位科学技术人员实施有效管理。

第七条　下列科学技术人员不得申请青年基金项目：

（一）作为负责人正在承担青年基金项目的；

（二）作为负责人承担过青年基金项目的；

（三）正在攻读研究生学位的。

前款第（三）项中在职攻读博士研究生学位且符合第六条规定条件的，经过导师同意可以通过其受聘依托单位申请。

第八条　申请青年基金项目的数量应当符合下列要求：

（一）作为申请人同年申请青年基金项目限为1项；

（二）年度项目指南中对申请数量的限制。

第九条 申请人应当是申请青年基金项目的实际负责人，限为1人。

参与者应当以青年为主体。参与者与申请人不是同一单位的，参与者所在单位视为合作研究单位，合作研究单位的数目不得超过2个。

青年基金项目研究期限一般为3年。

第十条 申请人应当按照年度项目指南要求，通过依托单位提出书面申请。申请人应当对所提交的申请材料的真实性负责。

依托单位应当对申请材料的真实性和完整性进行审核，统一提交自然科学基金委。

申请人可以向自然科学基金委提供3名以内不适宜评审其项目申请的通讯评审专家名单。

第十一条 具有高级专业技术职务（职称）的申请人或者参与者的单位有下列情况之一的，应当在申请时注明：

（一）同年申请或者参与申请各类项目的单位不一致的；

（二）与正在承担的各类项目的单位不一致的。

第十二条 自然科学基金委应当自项目申请截止之日起45日内完成对申请材料的初步审查。符合本办法规定的，予以受理并公布申请人基本情况和依托单位名称、申请项目名称。有下列情形之一的，不予受理，通过依托单位书面通知申请人，并说明理由：

（一）申请人不符合本办法规定条件的；

（二）申请材料不符合年度项目指南要求的；

（三）未在规定期限内提交申请的；

（四）申请人、参与者在不得申请或者参与申请国家自然科学基金资助的处罚期内的；

（五）依托单位在不得作为依托单位的处罚期内的。

第十三条 自然科学基金委负责组织同行专家对受理的项目申请进行评审。项目评审程序包括通讯评审和会议评审。

第十四条 评审专家对项目申请应当从科学价值、创新性、社会影响以及研究方案的可行性等方面进行独立判断和评价，提出评审意见。

评审专家提出评审意见时还应当考虑申请人的创新潜力。

第十五条 对于已受理的项目申请，自然科学基金委应当根据申请书内容和有关评审要求从同行专家库中随机选择 3 名以上专家进行通讯评审。对内容相近的项目申请应当选择同一组专家评审。

对于申请人提供的不适宜评审其项目申请的评审专家名单，自然科学基金委在选择评审专家时应当根据实际情况予以考虑。

每份项目申请的有效评审意见不得少于 3 份。

第十六条 通讯评审完成后，自然科学基金委应当组织专家对项目申请进行会议评审。会议评审专家应当来自专家评审组，必要时可以特邀其他专家参加会议评审。

自然科学基金委应当根据通讯评审情况对项目申请排序和分类，供会议评审专家评审时参考，同时还应当向会议评审专家提供年度资助计划、项目申请书和通讯评审意见等评审材料。

会议评审专家应当在充分考虑通讯评审意见和资助计划的基础上，对会议评审项目以无记名投票的方式表决，建议予以资助的项目应当以出席会议评审专家的过半数通过。

第十七条　多数通讯评审专家认为不应当予以资助的项目，2名以上会议评审专家认为创新性强可以署名推荐。会议评审专家在充分听取推荐意见的基础上，应当以无记名投票的方式表决，建议予以资助的项目应当以出席会议评审专家的三分之二以上的多数通过。

第十八条　自然科学基金委根据本办法的规定和专家会议表决结果，决定予以资助的项目。

第十九条　自然科学基金委决定予以资助的，应当根据专家评审意见以及资助额度等及时制作资助通知书，书面通知依托单位和申请人，并公布申请人基本情况以及依托单位名称、申请项目名称、资助额度等；决定不予资助的，应当及时书面通知申请人和依托单位，并说明理由。

自然科学基金委应当整理专家评审意见，并向申请人和依托单位提供。

第二十条　申请人对不予受理或者不予资助的决定不服的，可以自收到通知之日起15日内，向自然科学基金委提出书面复审申请。对评审专家的学术判断有不同意见，不得作为提出复审申请的理由。

自然科学基金委应当按照有关规定对复审申请进行审查和处理。

第二十一条　青年基金项目评审执行自然科学基金委项目评审回避与保密的有关规定。

第三章　实施与管理

第二十二条　自然科学基金委应当公告予以资助项目的名称以及依托单位名称，公告期为5日。公告期满视为依托单位和项目负责人收到资助通知。

依托单位应当组织项目负责人按照资助通知书的要求填写项目计划书（一式两份），并在收到资助通知之日起20日内完成审核，提交自然科学基金委。

自然科学基金委应当自收到项目计划书之日起30日内审核项目计划书，并在核准后将其中1份返还依托单位。核准后的项目计划书作为项目实施、经费拨付、检查和结题的依据。

项目负责人除根据资助通知书要求对申请书内容进行调整外，不得对其他内容进行变更。

逾期未提交项目计划书且在规定期限内未说明理由的，视为放弃接受资助。

第二十三条　项目负责人应当按照项目计划书组织开展研究工作，做好资助项目实施情况的原始记录，填写项目年度进展报告。

依托单位应当审核项目年度进展报告并于次年1月15日前提交自然科学基金委。

第二十四条　自然科学基金委应当审查提交的项目年度进展报告。对未按时提交的，责令其在10日内提交，并视情节按有关规定处理。

第二十五条　自然科学基金委应当对青年基金项目的实施情

况进行抽查。

第二十六条 青年基金项目实施过程中,项目负责人不得变更。

项目负责人有下列情形之一的,依托单位应当及时提出终止项目实施的申请,报自然科学基金委批准;自然科学基金委也可以直接作出终止项目实施的决定:

(一)不再是依托单位科学技术人员的;

(二)不能继续开展研究工作的;

(三)连续一年以上出国的;

(四)有剽窃他人科学研究成果或者在科学研究中有弄虚作假等行为的。

项目负责人调入另一依托单位工作的,经所在依托单位与原依托单位协商一致,由原依托单位提出变更依托单位的申请,报自然科学基金委批准。协商不一致的,自然科学基金委作出终止该项目负责人所负责的项目实施的决定。

第二十七条 依托单位和项目负责人应当保证参与者的稳定。

参与者不得擅自增加或者退出。由于客观原因确实需要增加或者退出的,由项目负责人提出申请,经依托单位审核后报自然科学基金委批准。新增加的参与者应当符合本办法第八条的要求。

第二十八条 项目负责人或者参与者变更单位以及增加参与者的,合作研究单位的数量应当符合本办法第九条第二款的要求。

第二十九条 项目实施过程中,研究内容或者研究计划需要作出重大调整的,项目负责人应当及时提出申请,经依托单位审核后报自然科学基金委批准。

第三十条 由于客观原因不能按期完成研究计划的,项目负责人可以申请延期1次,申请延长的期限不得超过2年。

项目负责人应当于项目资助期限届满60日前提出延期申请,经依托单位审核后报自然科学基金委批准。

批准延期的项目在结题前应当按时提交项目年度进展报告。

第三十一条 发生本办法第二十六条、第二十七条、第二十八条、第二十九条、第三十条情形,自然科学基金委作出批准、不予批准和终止决定的,应当及时通知依托单位和项目负责人。

第三十二条 自项目资助期满之日起60日内,项目负责人应当撰写结题报告、编制项目资助经费决算;取得研究成果的,应当同时提交研究成果报告。项目负责人应当对结题材料的真实性负责。

依托单位应当对结题材料的真实性和完整性进行审核,统一提交自然科学基金委。

对未按时提交结题报告和经费决算表的,自然科学基金委责令其在10日内提交,并视情节按有关规定处理。

第三十三条 自然科学基金委应当自收到结题材料之日起90日内进行审查。对符合结题要求的,准予结题并书面通知依托单位和项目负责人。

有下列情况之一的,责令改正并视情节按有关规定处理:

(一)提交的结题报告材料不齐全或者手续不完备的;

(二)提交的资助经费决算手续不全或者不符合填报要求的;

(三)其他不符合自然科学基金委要求的情况。

第三十四条 自然科学基金委应当公布准予结题项目的结题报告、研究成果报告和项目申请摘要。

第三十五条　发表青年基金项目取得的研究成果，应当按照自然科学基金委成果管理的有关规定注明得到国家自然科学基金资助。

第三十六条　青年基金项目研究形成的知识产权的归属、使用和转移，按照国家有关法律、法规执行。

第四章　附　　则

第三十七条　本办法自公布之日起施行。

国家自然科学基金地区科学基金项目管理办法

1. 2009 年 9 月 27 日国家自然科学基金委员会委务会议通过
2. 2011 年 4 月 12 日国家自然科学基金委员会委务会议修订通过
3. 2015 年 12 月 4 日国家自然科学基金委员会委务会议修订通过

第一章　总　　则

第一条　为了规范和加强国家自然科学基金地区科学基金项目(以下简称地区基金项目)管理,根据《国家自然科学基金条例》(以下简称《条例》),制定本办法。

第二条　地区基金项目支持内蒙古自治区、江西省、广西壮族自治区、海南省、贵州省、云南省、西藏自治区、甘肃省、青海省、宁夏回族自治区、新疆维吾尔自治区和吉林省延边朝鲜族自治州、湖北省恩施土家族苗族自治州、湖南省湘西土家族苗族自治州、四川省凉山彝族自治州、四川省甘孜藏族自治州、四川省阿坝藏族羌族自治州、陕西省延安市、陕西省榆林市等地区部分依托单位的全职科学技术人员在国家自然科学基金资助范围内开展创新性的科学研究,培养和扶植该地区的科学技术人员,稳定和凝聚优秀人才,为区域创新体系建设与经济、社会发展服务。

第三条　国家自然科学基金委员会(以下简称自然科学基金委)在地区基金项目管理过程中履行以下职责:

(一)制定并发布年度项目指南;

（二）受理项目申请；

（三）组织专家进行评审；

（四）批准资助项目；

（五）管理和监督资助项目实施。

第四条　地区基金项目的经费使用与管理，按照国家自然科学基金资助项目经费管理的有关规定执行。

第二章　申请与评审

第五条　自然科学基金委根据基金发展规划、学科发展战略和基金资助工作评估报告，在广泛听取意见和专家评审组论证的基础上制定年度项目指南。年度项目指南应当在接收项目申请起始之日30日前公布。

第六条　依托单位属于地区基金项目资助范围的，其科学技术人员具备下列条件可以申请地区基金项目：

（一）具有承担基础研究课题或者其他从事基础研究的经历；

（二）具有高级专业技术职务（职称）或者具有博士学位，或者有2名与其研究领域相同、具有高级专业技术职务（职称）的科学技术人员推荐。

正在攻读研究生学位以及《条例》第十条第二款所列的科学技术人员不得申请地区基金项目，但在职攻读研究生学位的人员经过导师同意可以通过其受聘依托单位申请。

第七条　申请地区基金项目的数量应当符合下列要求：

（一）作为申请人同年申请地区基金项目限为1项；

（二）不具有高级专业技术职务（职称）的人员，作为项目负责

人正在承担地区基金项目的,不得申请;

(三)年度项目指南中对申请数量的限制。

第八条 申请人应当是申请地区基金项目的实际负责人,限为1人。

参与者与申请人不是同一单位的,参与者所在单位视为合作研究单位,合作研究单位的数目不得超过2个。

地区基金项目研究期限一般为4年。

第九条 申请人应当按照年度项目指南要求,通过依托单位提出书面申请。申请人应当对所提交的申请材料的真实性负责。

依托单位应当对申请材料的真实性和完整性进行审核,统一提交自然科学基金委。

申请人可以向自然科学基金委提供3名以内不适宜评审其项目申请的通讯评审专家名单。

第十条 具有高级专业技术职务(职称)的申请人或者参与者的单位有下列情况之一的,应当在申请时注明:

(一)同年申请或者参与申请各类项目的单位不一致的;

(二)与正在承担的各类项目的单位不一致的。

第十一条 自然科学基金委应当自项目申请截止之日起45日内完成对申请材料的初步审查。符合本办法规定的,予以受理并公布申请人基本情况和依托单位名称、申请项目名称。有下列情形之一的,不予受理,通过依托单位书面通知申请人,并说明理由:

(一)申请人不符合本办法规定条件的;

(二)申请材料不符合年度项目指南要求的;

(三)未在规定期限内提交申请的;

（四）申请人、参与者在不得申请或者参与申请国家自然科学基金资助的处罚期内的；

（五）依托单位在不得作为依托单位的处罚期内的。

第十二条　自然科学基金委负责组织同行专家对受理的项目申请进行评审。项目评审程序包括通讯评审和会议评审。

第十三条　评审专家对项目申请应当从科学价值、创新性、社会影响以及研究方案的可行性等方面进行独立判断和评价，提出评审意见。

评审专家提出评审意见时还应当考虑以下几个方面：

（一）申请人和参与者的研究经历；

（二）研究队伍构成、研究基础和相关的研究条件；

（三）研究内容与该地区经济、社会与科技发展的关联性；

（四）项目实施对该地区人才培养的预期效果；

（五）项目申请经费使用计划的合理性。

第十四条　对于已受理的项目申请，自然科学基金委应当根据申请书内容和有关评审要求从同行专家库中随机选择 3 名以上专家进行通讯评审。对内容相近的项目申请应当选择同一组专家评审。

对于申请人提供的不适宜评审其项目申请的评审专家名单，自然科学基金委在选择评审专家时应当根据实际情况予以考虑。

每份项目申请的有效评审意见不得少于 3 份。

第十五条　通讯评审完成后，自然科学基金委应当组织专家对项目申请进行会议评审。会议评审专家应当来自专家评审组，必要时可以特邀其他专家参加会议评审。

自然科学基金委应当根据通讯评审情况对项目申请排序和分

类,供会议评审专家评审时参考,同时还应当向会议评审专家提供年度资助计划、项目申请书和通讯评审意见等评审材料。

会议评审专家应当充分考虑通讯评审意见和资助计划,结合区域发展需求对会议评审项目以无记名投票的方式表决,建议予以资助的项目应当以出席会议评审专家的过半数通过。

第十六条 多数通讯评审专家认为不应当予以资助的项目,2名以上会议评审专家认为创新性强可以署名推荐。会议评审专家在充分听取推荐意见的基础上,应当以无记名投票的方式表决,建议予以资助的项目应当以出席会议评审专家的三分之二以上的多数通过。

第十七条 自然科学基金委根据本办法的规定和专家会议表决结果,决定予以资助的项目。

第十八条 自然科学基金委决定予以资助的,应当根据专家评审意见以及资助额度等及时制作资助通知书,书面通知依托单位和申请人,并公布申请人基本情况以及依托单位名称、申请项目名称、资助额度等;决定不予资助的,应当及时书面通知申请人和依托单位,并说明理由。

自然科学基金委应当整理专家评审意见,并向申请人和依托单位提供。

第十九条 申请人对不予受理或者不予资助的决定不服的,可以自收到通知之日起15日内,向自然科学基金委提出书面复审申请。对评审专家的学术判断有不同意见,不得作为提出复审申请的理由。

自然科学基金委应当按照有关规定对复审申请进行审查和处理。

第二十条　地区基金项目评审执行自然科学基金委项目评审回避与保密的有关规定。

第三章　实施与管理

第二十一条　自然科学基金委应当公告予以资助项目的名称以及依托单位名称，公告期为5日。公告期满视为依托单位和项目负责人收到资助通知。

依托单位应当组织项目负责人按照资助通知书的要求填写项目计划书（一式两份），并在收到资助通知之日起20日内完成审核，提交自然科学基金委。

自然科学基金委应当自收到项目计划书之日起30日内审核项目计划书，并在核准后将其中1份返还依托单位。核准后的项目计划书作为项目实施、经费拨付、检查和结题的依据。

项目负责人除根据资助通知书要求对申请书内容进行调整外，不得对其他内容进行变更。

逾期未提交项目计划书且在规定期限内未说明理由的，视为放弃接受资助。

第二十二条　项目负责人应当按照项目计划书组织开展研究工作，做好资助项目实施情况的原始记录，填写项目年度进展报告。

依托单位应当审核项目年度进展报告并于次年1月15日前提交自然科学基金委。

第二十三条　自然科学基金委应当审查提交的项目年度进展报告。对未按时提交的，责令其在10日内提交，并视情节按有关规定处理。

第二十四条 自然科学基金委应当对地区基金项目的实施情况进行抽查。

第二十五条 地区基金项目实施过程中,依托单位不得擅自变更项目负责人。

项目负责人有下列情形之一的,依托单位应当及时提出变更项目负责人或者终止项目实施的申请,报自然科学基金委批准;自然科学基金委也可以直接作出终止项目实施的决定:

(一)不再是依托单位科学技术人员的;

(二)不能继续开展研究工作的;

(三)有剽窃他人科学研究成果或者在科学研究中有弄虚作假等行为的;

(四)调入的依托单位不属于地区科学基金项目资助范围的。

项目负责人调入另一依托单位工作的,经所在依托单位与原依托单位协商一致,由原依托单位提出变更依托单位的申请,报自然科学基金委批准。协商不一致的,自然科学基金委作出终止该项目负责人所负责的项目实施的决定。

第二十六条 依托单位和项目负责人应当保证参与者的稳定。

参与者不得擅自增加或者退出。由于客观原因确实需要增加或者退出的,由项目负责人提出申请,经依托单位审核后报自然科学基金委批准。新增加的参与者应当符合本办法第七条的要求。

第二十七条 项目负责人或者参与者变更单位以及增加参与者的,合作研究单位的数目应当符合本办法第八条第二款的要求。

第二十八条 项目实施过程中,研究内容或者研究计划需要作出重大调整的，项目负责人应当及时提出申请，经依托单位审核后报自然科学基金委批准。

第二十九条　由于客观原因不能按期完成研究计划的，项目负责人可以申请延期 1 次，申请延长的期限不得超过 2 年。

项目负责人应当于项目资助期限届满 60 日前提出延期申请，经依托单位审核后报自然科学基金委批准。

批准延期的项目在结题前应当按时提交项目年度进展报告。

第三十条　发生本办法第二十五条、第二十六条、第二十八条、第二十九条情形，自然科学基金委作出批准、不予批准和终止决定的，应当及时通知依托单位和项目负责人。

第三十一条　自项目资助期满之日起 60 日内，项目负责人应当撰写结题报告、编制项目资助经费决算；取得研究成果的，应当同时提交研究成果报告。项目负责人应当对结题材料的真实性负责。

依托单位应当对结题材料的真实性和完整性进行审核，统一提交自然科学基金委。

对未按时提交结题报告和经费决算表的，自然科学基金委责令其在 10 日内提交，并视情节按有关规定处理。

第三十二条　自然科学基金委应当自收到结题材料之日起 90 日内进行审查。对符合结题要求的，准予结题并书面通知依托单位和项目负责人。

有下列情况之一的，责令改正并视情节按有关规定处理：

（一）提交的结题报告材料不齐全或者手续不完备的；

（二）提交的资助经费决算手续不全或者不符合填报要求的；

（三）其他不符合自然科学基金委要求的情况。

第三十三条 自然科学基金委应当公布准予结题项目的结题报告、研究成果报告和项目申请摘要。

第三十四条 发表地区基金项目取得的研究成果,应当按照自然科学基金委成果管理的有关规定注明得到国家自然科学基金资助。

第三十五条 地区基金项目研究形成的知识产权的归属、使用和转移,按照国家有关法律、法规执行。

第四章 附 则

第三十六条 本办法自公布之日起施行。

国家杰出青年科学基金项目管理办法

1. 2009 年 9 月 27 日国家自然科学基金委员会委务会议通过
2. 2015 年 12 月 4 日国家自然科学基金委员会委务会议修订通过

第一章　总　　则

第一条　为了规范和加强国家杰出青年科学基金项目管理，根据《国家自然科学基金条例》（以下简称《条例》），制定本办法。

第二条　国家杰出青年科学基金是国家设立的专项基金，由国家自然科学基金委员会（以下简称自然科学基金委）负责管理。

第三条　国家杰出青年科学基金项目支持在基础研究方面已取得突出成绩的青年学者自主选择研究方向开展创新研究，促进青年科学技术人才的成长，吸引海外人才，培养造就一批进入世界科技前沿的优秀学术带头人。

第四条　自然科学基金委在国家杰出青年科学基金项目管理过程中履行下列职责：

（一）制定并发布年度项目指南；

（二）组建国家杰出青年科学基金评审委员会（以下简称评审委员会）；

（三）受理项目申请；

（四）组织专家进行评审；

（五）批准资助项目；

（六）管理和监督资助项目实施。

第五条 国家杰出青年科学基金项目的经费使用与管理，按照国家杰出青年科学基金资助项目经费管理的有关规定执行。

第二章 申 请

第六条 自然科学基金委根据国家人才培养战略规划、基金发展规划和基金资助工作评估报告制定年度项目指南。年度项目指南应当在接收项目申请起始之日 30 日前公布。

第七条 依托单位的科学技术人员申请国家杰出青年科学基金项目应当具备以下条件：

（一）具有中华人民共和国国籍；

（二）申请当年 1 月 1 日未满 45 周岁；

（三）具有良好的科学道德；

（四）具有高级专业技术职务（职称）或者具有博士学位；

（五）具有承担基础研究课题或者其他从事基础研究的经历；

（六）与境外单位没有正式聘用关系；

（七）保证资助期内每年在依托单位从事研究工作的时间在 9 个月以上。

不具有中华人民共和国国籍的华人青年学者，符合前款（二）至（七）条件的，可以申请。

正在博士后工作站内从事研究、正在攻读研究生学位以及获得过国家杰出青年科学基金项目资助的不得申请。

第八条 申请人应当是申请国家杰出青年科学基金项目的实际负责人，限为 1 人。

国家杰出青年科学基金项目研究期限为5年。

第九条　申请人应当按照年度项目指南要求，通过依托单位提出书面申请。申请人应当对所提交的申请材料的真实性负责。

申请人可以向自然科学基金委提供3名以内不适宜评审其项目申请的通讯评审专家名单。

第十条　申请人的单位有下列情况之一的，应当在申请时注明：

（一）同年申请或者参与申请各类项目的单位不一致的；

（二）与正在承担的各类项目的单位不一致的。

第十一条　依托单位应当组织学术委员会或者专家组对申请人提出推荐意见；依托单位应当对申请材料的真实性和完整性进行审核，统一提交自然科学基金委。

第十二条　自然科学基金委应当自项目申请截止之日起45日内完成对申请材料的初步审查。符合本办法规定的，予以受理并公布申请人基本情况、研究领域及依托单位名称。有下列情形之一的，不予受理，通过依托单位书面通知申请人，并说明理由：

（一）申请人不符合本办法规定的；

（二）申请材料不符合年度项目指南要求的；

（三）申请人在不得申请国家自然科学基金资助的处罚期内的；

（四）依托单位在不得作为依托单位的处罚期内的。

第三章　评审与批准

第十三条　自然科学基金委负责组织同行专家对受理的项目

申请进行评审。项目评审程序为通讯评审、会议评审、评审委员会评定。

第十四条 评审委员会由科学家、工程技术专家以及国家有关部委的管理专家组成。评审委员会的职责是：

（一）评定国家杰出青年科学基金资助人选；

（二）研究国家杰出青年科学基金资助工作中的重大问题。

第十五条 国家杰出青年科学基金项目的评审应当重点考虑以下几个方面：

（一）研究成果的创新性和科学价值；

（二）对本学科领域或者相关学科领域发展的推动作用；

（三）对国民经济与社会发展的影响；

（四）拟开展的研究工作的创新性构思、研究方向、研究内容和研究方案等。

第十六条 对于已受理的项目申请，自然科学基金委应当根据申请书内容和有关评审要求从同行专家库中随机选择5名以上专家进行通讯评审。

对于申请人提供的不适宜评审其项目申请的评审专家名单，自然科学基金委在选择评审专家时应当根据实际情况予以考虑。

每份项目申请的有效评审意见不得少于5份。

第十七条 自然科学基金委应当根据通讯评审情况对项目申请进行排序和分类，确定参加会议评审的项目申请。

会议评审专家应当来自专家评审组和评审委员会，根据需要可以特邀其他专家参加会议评审。到会评审专家应当为15人以上。

被确定参加会议评审的项目，其申请人应当到会答辩，不到会答辩的,视为放弃申请。

会议评审专家应当在充分考虑申请人答辩情况、通讯评审意见和资助计划的基础上,对到会答辩的申请人以无记名投票的方式表决,建议予以资助的应当以出席会议评审专家的过半数通过。

第十八条 自然科学基金委应当公布建议资助项目申请人名单。建议资助项目申请人有违反本办法规定的,任何单位和个人均可在 15 日内提出书面异议。

自然科学基金委负责异议的受理与调查,调查结果提交评审委员会。

第十九条 自然科学基金委组织评审委员会会议。评审委员会会议必须有二分之一以上的评审委员会委员出席方可召开。

根据需要可以特邀其他专家参加评审委员会会议。

评审委员会对建议资助项目申请人进行评定,以无记名投票的方式表决,通过人选获得的赞同票数应当超过到会专家人数的三分之二。

第二十条 自然科学基金委根据本办法的规定和评审委员会评定结果,决定予以资助的项目。

第二十一条 自然科学基金委决定予以资助的,应当根据专家评审意见以及资助额度等及时制作资助通知书,书面通知依托单位和申请人,并公布申请人基本情况以及依托单位名称、研究领域、资助额度等;决定不予资助的,应当及时书面通知申请人和依托单位,并说明理由。

自然科学基金委应当整理专家评审意见,并向申请人和依托单位提供。

第二十二条 申请人对不予受理或者不予资助的决定不服

的,可以自收到通知之日起 15 日内,向自然科学基金委提出书面复审申请。对评审专家的学术判断有不同意见,不得作为提出复审申请的理由。

自然科学基金委应当按照有关规定对复审申请进行审查和处理。

第四章 实施与管理

第二十三条 自然科学基金委应当公告予以资助项目负责人名单以及依托单位名称,公告期为 5 日。公告期满视为依托单位和项目负责人收到资助通知。

依托单位应当组织项目负责人按照资助通知书的要求填写项目计划书(一式两份),并在收到资助通知之日起 20 日内完成审核,提交自然科学基金委。

自然科学基金委应当自收到项目计划书之日起 30 日内审核项目计划书,并在核准后将其中 1 份返还依托单位。核准后的项目计划书作为项目实施、经费拨付、检查和结题的依据。

项目负责人除根据资助通知书要求对申请书内容进行调整外,不得对其他内容进行变更。

逾期未提交项目计划书且在规定期限内未说明理由的,视为放弃接受资助。

第二十四条 项目负责人应当按照项目计划书开展研究工作,做好资助项目实施情况的原始记录,填写项目年度进展报告。

依托单位应当审核项目年度进展报告并于次年 1 月 15 日前提交自然科学基金委。

第二十五条 自然科学基金委应当审查提交的项目年度进展报告。对未按时提交的,责令其在10日内提交,并视情节按有关规定处理。

第二十六条 自然科学基金委应当在项目实施中期,组织同行专家以学术会议方式对项目进展和经费使用情况等进行检查。中期检查专家应当包括参加过该项目评审的专家。

自然科学基金委应当整理中期检查意见,作出是否继续资助的决定并向依托单位和项目负责人提供。

第二十七条 国家杰出青年科学基金项目负责人不得变更。项目负责人有下列情形之一的,依托单位应当及时提出终止项目实施的申请,报自然科学基金委批准;自然科学基金委也可以直接作出终止项目实施的决定:

(一)不再是依托单位科学技术人员的;

(二)不能继续开展研究工作的;

(三)连续一年以上出国的;

(四)有剽窃他人科学研究成果或者在科学研究中有弄虚作假等行为的。

项目负责人调入另一依托单位工作的,经所在依托单位与原依托单位协商一致,由原依托单位提出变更依托单位的申请,报自然科学基金委批准。协商不一致的,自然科学基金委作出终止该项目负责人所负责的项目实施的决定。

发生第一、二款情形,自然科学基金委作出批准、不予批准和终止决定的,应当及时通知依托单位和项目负责人。

第二十八条 自项目资助期满之日起60日内,项目负责人应当撰写结题报告、编制项目资助经费决算;取得研究成果的,应当同时提交研究成果报告。项目负责人应当对结题材料的真实性负责。

依托单位应当对结题材料的真实性和完整性进行审核，统一提交自然科学基金委。

第二十九条 有下列情况之一的，自然科学基金委应当责令依托单位和项目负责人10日内提交或者改正；逾期不提交或者改正的，视情节按有关规定处理：

（一）未按时提交结题报告的；

（二）未按时提交资助经费决算的；

（三）提交的结题报告材料不齐全或者手续不完备的；

（四）提交的资助经费决算手续不全或不符合填报要求的；

（五）其他不符合自然科学基金委要求的情况。

第三十条 自然科学基金委应当组织同行专家对项目完成情况进行审查。

审查采取会议评审方式进行。会议评审专家应当为15人以上，其中应当包括参加过项目评审或者中期检查的专家。

第三十一条 评审专家应当从以下方面审查项目的完成情况，并向自然科学基金委提供评价意见：

（一）项目计划执行情况；

（二）研究成果情况；

（三）人才培养情况；

（四）国际合作与交流情况；

（五）资助经费的使用情况。

第三十二条 自然科学基金委根据结题材料提交的情况和评审专家的意见，作出予以结题的决定并书面通知依托单位和项目负责人。

第三十三条 自然科学基金委应当公布准予结题项目的结题报告、研究成果报告和项目申请摘要。

第三十四条 发表国家杰出青年科学基金项目取得的研究成果,应当按照自然科学基金委成果管理的有关规定注明得到国家自然科学基金资助。

第三十五条 国家杰出青年科学基金项目研究形成的知识产权的归属、使用和转移,按照国家有关法律、法规执行。

第五章 附 则

第三十六条 国家杰出青年科学基金项目评审、中期检查和结题审查,执行自然科学基金委项目评审回避与保密的有关规定。

第三十七条 本办法自2010年1月1日起施行。2002年11月21日公布的《国家杰出青年科学基金实施管理办法》、2005年8月18日公布的《国家杰出青年科学基金(外籍)实施管理暂行办法》和2001年6月12日公布的《国家杰出青年科学基金异议期试行办法》同时废止。

国家自然科学基金创新研究群体项目管理办法

1. 2013 年 12 月 9 日国家自然科学基金委员会委务会议通过
2. 2015 年 12 月 4 日国家自然科学基金委员会委务会议修订通过

第一章　总　　则

第一条　为了规范和加强国家自然科学基金创新研究群体项目(以下简称创新群体项目)管理,依照《国家自然科学基金条例》(以下简称《条例》),制定本办法。

第二条　创新群体项目支持优秀中青年科学家为学术带头人和研究骨干,共同围绕一个重要研究方向合作开展创新研究,培养和造就在国际科学前沿占有一席之地的研究群体。

第三条　国家自然科学基金委员会(以下简称自然科学基金委)在创新群体项目管理过程中履行下列职责:

(一)制定并发布年度项目指南;

(二)受理项目申请;

(三)组织专家进行评审;

(四)批准资助项目;

(五)管理和监督资助项目实施。

第四条　创新群体项目的经费使用与管理,按照国家自然科学基金资助项目经费管理的有关规定执行。

第二章　申　　请

第五条　自然科学基金委根据国家人才培养战略规划、基金发展规划和基金资助工作评估报告制定年度项目指南。年度项目指南应当在接收项目申请起始之日 30 日前公布。

第六条　依托单位的科学技术人员申请创新群体项目应当具备以下条件：

（一）具有承担基础研究课题或者其他从事基础研究的经历；

（二）保证资助期限内每年在依托单位从事基础研究工作的时间在 6 个月以上；

（三）具有在长期合作基础上形成的研究队伍，包括学术带头人 1 人，研究骨干不多于 5 人；

（四）学术带头人作为项目申请人，应当具有正高级专业技术职务（职称）、较高的学术造诣和国际影响力，申请当年 1 月 1 日未满 55 周岁；

（五）研究骨干作为参与者，应当具有高级专业技术职务（职称）或博士学位；

（六）项目申请人和参与者应当属于同一依托单位。

作为项目负责人承担过创新群体项目的，不得作为申请人提出申请。

第七条　申请创新群体项目的数量应当符合下列要求：

（一）具有高级专业技术职务（职称）的人员，同年申请或者参与申请创新群体项目不得超过 1 项；

（二）正在承担创新群体项目的项目负责人和具有高级专业技

术职务(职称)的参与者不得申请或者参与申请。

第八条 申请人应当是申请创新群体项目的实际负责人。

创新群体项目研究期限为6年。

第九条 申请人应当按照年度项目指南要求,通过依托单位提出书面申请。申请人应当对所提交的申请材料的真实性负责。

依托单位应当组织学术委员会或专家组对项目申请提出推荐意见;依托单位应当对申请材料的真实性和完整性进行审核,统一提交自然科学基金委。

申请人可以向自然科学基金委提供3名以内不适宜评审其项目申请的通讯评审专家名单。

第十条 申请人或者具有高级专业技术职务(职称)的参与者的单位有下列情况之一的,应当在申请时注明:

(一)同年申请或者参与申请各类项目的单位不一致的;

(二)与正在承担的各类项目的单位不一致的。

第十一条 自然科学基金委应当自创新群体项目申请截止之日起45日内完成对申请材料的初步审查。符合本办法规定的,予以受理并公布申请人基本情况和依托单位名称、申请项目名称。有下列情形之一的,不予受理,通过依托单位书面通知申请人,并说明理由:

(一)申请人不符合本办法规定条件的;

(二)申请材料不符合项目指南要求的;

(三)未在规定期限内提交申请的;

(四)依托单位在不得作为依托单位的处罚期内的。

第三章　评审与批准

第十二条　自然科学基金委负责组织同行专家对受理的项目进行评审。项目评审程序包括通讯评审和会议评审。

第十三条　创新群体项目的评审应当重点考虑以下几个方面：

（一）研究方向和共同研究的科学问题的重要意义；

（二）已经取得研究成果的创新性和科学价值；

（三）拟开展研究工作的创新性构思及研究方案的可行性；

（四）申请人的学术影响力，把握研究方向、凝练重大科学问题的能力，组织协调能力以及在研究群体中的凝聚力；

（五）参与者的学术水平和开展创新研究的能力，专业结构和年龄结构的合理性；

（六）研究群体成员间的合作基础。

第十四条　对于已受理的项目申请，自然科学基金委应当根据申请书内容和有关评审要求从同行专家库中随机选择 5 名以上专家进行通讯评审。

对于申请人提供的不适宜评审其项目申请的评审专家名单，自然科学基金委在选择评审专家时应当根据实际情况予以考虑。

每份项目申请的有效评审意见不得少于 5 份。

第十五条　自然科学基金委应当根据通讯评审情况对项目申请进行排序和分类，确定参加会议评审的项目申请。

会议评审专家应当来自专家评审组，根据需要可以特邀其他专家参加会议评审。到会评审专家应当为 15 人以上。

被确定参加会议评审的项目,其申请人应当到会答辩,不到会答辩的,视为放弃申请。确因不可抗力不能到会答辩的,申请人经自然科学基金委批准可以委托项目参与者到会答辩。

会议评审专家应当在充分考虑申请人答辩情况、通讯评审意见和资助计划的基础上,对会议评审项目以无记名投票的方式表决,建议予以资助的应当以出席会议评审专家的过半数通过。

第十六条 自然科学基金委根据本办法的规定和专家会议表决结果,决定予以资助的项目。

第十七条 自然科学基金委决定予以资助的,应当根据专家评审意见以及资助额度等及时制作资助通知书,书面通知依托单位和申请人,并公布申请人基本情况以及依托单位名称、研究领域、资助额度等;决定不予资助的,应当及时书面通知申请人和依托单位,并说明理由。

自然科学基金委应当整理专家评审意见,并向申请人和依托单位提供。

第十八条 申请人对不予受理或者不予资助的决定不服的,可以自收到通知之日起15日内,向自然科学基金委提出书面复审申请。对评审专家的学术判断有不同意见,不得作为提出复审申请的理由。

自然科学基金委应当按照有关规定对复审申请进行审查和处理。

第四章 实施与管理

第十九条 自然科学基金委应当公告予以资助项目的名称以

及依托单位名称，公告期为5日。公告期满视为依托单位和项目负责人收到资助通知。

依托单位应当组织项目负责人按照资助通知书的要求填写项目计划书（一式两份），并在收到资助通知之日起20日内完成审核，提交自然科学基金委。

自然科学基金委应当自收到项目计划书之日起30日内审核项目计划书，并在核准后将其中1份返还依托单位。核准后的项目计划书作为项目实施、经费拨付、检查和结题的依据。

项目负责人除根据资助通知书要求对申请书内容进行调整外，不得对其他内容进行变更。

逾期未提交项目计划书且在规定期限内未说明理由的，视为放弃接受资助。

第二十条　项目负责人应当按照项目计划书开展研究工作，做好资助项目实施情况的原始记录，填写项目年度进展报告。

依托单位应当审核项目年度进展报告并于次年1月15日前提交自然科学基金委。

第二十一条　自然科学基金委应当审查提交的项目年度进展报告。对未按时提交的，责令其在10日内提交，并视情节按有关规定处理。

第二十二条　自然科学基金委应当在项目实施中期，组织同行专家以学术会议或实地考核等方式对项目进展和经费使用情况等进行检查。中期检查专家应当包括参加过该项目评审的专家。

自然科学基金委应当整理中期检查意见，作出是否继续资助的决定并向依托单位和项目负责人提供。

第二十三条　项目实施过程中，不得变更依托单位，依托单位不得擅自变更项目负责人。

项目负责人有下列情形之一的,依托单位应当及时提出终止项目实施的申请,报自然科学基金委批准;自然科学基金委也可以直接作出终止项目实施的决定:

(一)不再是依托单位科学技术人员的;

(二)不能继续开展研究工作的;

(三)有剽窃他人科学研究成果或者在科学研究中有弄虚作假等行为的。

第二十四条 依托单位和项目负责人应当保证参与者的稳定。

参与者不得擅自增加或者退出。由于客观原因确实需要增加或者退出的,由项目负责人提出申请,经依托单位审核后报自然科学基金委批准。参与者更换依托单位的,视为退出。

新增加的参与者应当符合本办法第六条和第七条的要求。退出的参与者 2 年内不得申请或者参与申请创新群体项目。

第二十五条 项目负责人可以根据研究工作需要提出延续资助申请;延续资助申请应当在资助期限届满 3 个月前提出。

延续资助期限为 3 年。

第二十六条 延续资助申请的评审、延续资助申请的决定以及延续资助项目实施和管理,按照本办法第十四条至第二十四条的规定执行。

第二十七条 自创新群体项目资助或延续资助期满之日起 60 日内,项目负责人应当撰写结题报告、编制项目资助经费决算;取得研究成果的,应当同时提交研究成果报告。项目负责人应当对结题材料的真实性负责。

依托单位应当对结题材料的真实性和完整性进行审核，统一提交自然科学基金委。

第二十八条 有下列情况之一的，自然科学基金委应当责令依托单位和项目负责人10日内提交或者改正；逾期不提交或者改正的，视情节按有关规定处理：

（一）未按时提交结题报告的；

（二）未按时提交资助经费决算的；

（三）提交的结题报告材料不齐全或手续不完备的；

（四）提交的资助经费决算手续不全或不符合填报要求的；

（五）其他不符合自然科学基金委要求的情况。

第二十九条 自然科学基金委应当组织同行专家对项目完成情况进行审查。

审查采取会议评审方式进行。会议评审专家应当为15人以上，其中应当包括参加过项目评审或者中期检查的专家。

延续资助的项目可根据实际情况采取适当的审查方式。

第三十条 评审专家应当从以下方面审查项目的完成情况，并向自然科学基金委提供评价意见：

（一）项目计划执行情况；

（二）研究成果情况；

（三）人才培养情况；

（四）国际合作与交流情况；

（五）资助经费的使用情况。

第三十一条 自然科学基金委根据结题材料提交的情况和评审专家的意见，作出予以结题的决定并书面通知依托单位和项目负责人。

第三十二条 自然科学基金委应当公布准予结题项目的结题报告、研究成果报告和项目申请摘要。

第三十三条 发表创新群体项目取得的研究成果,应当按照自然科学基金委成果管理的有关规定注明得到国家自然科学基金资助。

第三十四条 创新群体项目研究形成的知识产权的归属、使用和转移,按照国家有关法律、法规执行。

第五章 附 则

第三十五条 创新群体项目评审、中期检查和结题审查,执行自然科学基金委项目评审回避与保密的有关规定。

第三十六条 本办法自 2014 年 2 月 1 日起施行。2001 年 2 月 27 日公布的《国家自然科学基金委员会创新研究群体科学基金试行办法》同时废止。

国家自然科学基金数学天元基金项目管理办法

2012年7月3日国家自然科学基金委员会委务会议通过

第一章　总　　则

第一条　为了规范和加强国家自然科学基金数学天元基金项目（以下简称天元基金项目）管理，根据《国家自然科学基金条例》，制定本办法。

第二条　国家自然科学基金数学天元基金是为凝聚数学家集体智慧，探索符合数学特点和发展规律的资助方式，推动建设数学强国而设立的专项基金。

天元基金项目支持科学技术人员结合数学学科特点和需求，开展科学研究，培育青年人才，促进学术交流，优化研究环境，传播数学文化，提升中国数学创新能力。

第三条　国家自然科学基金委员会（以下简称自然科学基金委）在天元基金项目管理过程中履行以下职责：

（一）组建国家自然科学基金数学天元基金学术领导小组（以下简称学术领导小组）；

（二）制定并发布年度项目指南；

（三）受理项目申请；

（四）组织专家进行评审；

（五）批准资助项目；

（六）管理和监督资助项目实施。

第四条 天元基金项目包括研究项目和科技活动项目。

第五条 天元基金项目的经费使用与管理，按照国家自然科学基金资助项目经费管理的有关规定执行。

第二章 学术领导小组

第六条 学术领导小组的职责是：

（一）开展战略研究，筹划数学发展；

（二）拟订年度项目指南；

（三）负责天元基金项目申请的会议评审；

（四）检查资助项目的实施情况；

（五）承担自然科学基金委委托的其他工作。

第七条 学术领导小组成员由学术造诣深、学风严谨、办事公正的15至21名数学家及相关专家担任。

学术领导小组设组长1名、副组长2名。

第八条 学术领导小组成员实行任期制，每届任期三年，连任不得超过两届。

第三章 申请与评审

第九条 自然科学基金委根据基金发展规划、学科发展战略和基金资助工作评估报告，对学术领导小组拟订的年度项目指南广泛听取意见，制定年度项目指南。年度项目指南在接收项目申请起始之日30日前公开发布。

第十条　依托单位的科学技术人员具备下列条件的，可以申请天元基金项目：

（一）具有承担基础研究课题或者其他从事基础研究的经历；

（二）具有高级专业技术职务（职称）或者具有博士学位，或者有2名与其研究领域相同、具有高级专业技术职务（职称）的科学技术人员推荐；

（三）符合年度项目指南的相关规定。

第十一条　申请天元基金项目的数量应当符合年度项目指南的要求。

第十二条　申请人应当是申请天元基金项目的实际负责人，限为1人。

参与者与申请人不是同一单位的，参与者所在单位视为合作研究单位，合作研究单位的数量不得超过2个。

天元基金项目执行期限根据需要确定，一般不超过1年。

第十三条　申请人应当按照年度项目指南要求，通过依托单位提出书面申请。申请人应当对所提交的申请材料的真实性负责。

依托单位应当对申请材料的真实性和完整性进行审核，统一提交自然科学基金委。

申请人可以同时向自然科学基金委提供3名以内不适宜评审其项目申请的通讯评审专家名单并说明理由。

第十四条　自然科学基金委应当自天元基金项目申请截止之日起45日内完成对申请材料的初步审查。符合本办法规定的，予以受理并公布申请人基本情况和依托单位名称、申请项目名称。有下列情形之一的，不予受理，通过依托单位书面通知申请人，并说明理由：

（一）申请人不符合本办法规定条件的；

（二）申请材料不符合年度项目指南要求的；

（三）未在规定期限内提交申请的；

（四）申请人、参与者在不得申请或者参与申请国家自然科学基金资助处罚期内的；

（五）依托单位在不得作为依托单位的处罚期内的。

第十五条 自然科学基金委负责组织同行专家对受理的项目申请进行评审。项目评审程序包括通讯评审和会议评审。

对于科技活动项目，可以只进行会议评审。

第十六条 评审专家对项目申请应当从科学价值、创新性、社会影响以及研究方案的可行性等方面进行独立判断和评价，提出评审意见。

评审专家提出评审意见时，还应当考虑数学领域发展的总体布局和特殊需求。

第十七条 对于需要通讯评审的项目申请，自然科学基金委应当根据申请书内容和有关评审要求从同行专家库中随机选择3名以上专家进行通讯评审。对内容相近的项目申请应当选择同一组专家评审。

对于申请人提出的不适宜评审其项目申请的评审专家名单，自然科学基金委在选择评审专家时应当根据实际情况予以考虑。

每份项目申请的有效评审意见不得少于3份。

第十八条 自然科学基金委应当组织学术领导小组对项目申请进行会议评审。必要时可以特邀其他专家参加会议评审。

自然科学基金委应当向会议评审专家提供年度资助计划、项目申请书和通讯评审意见等评审材料。

会议评审专家应当充分考虑通讯评审意见和资助计划，结合学科布局和数学发展需要形成会议评审意见，并以无记名投票的方式表决，建议予以资助的项目应当以出席会议评审专家的过半数通过。

第十九条 自然科学基金委根据本办法的规定和专家提出的会议评审意见，决定予以资助的项目。

第二十条 自然科学基金委决定予以资助的，应当及时书面通知申请人和依托单位，并公布申请人基本情况以及依托单位名称、申请项目名称、拟资助的经费数额等；决定不予资助的，应当及时书面通知申请人和依托单位，并说明理由。

自然科学基金委应当整理专家评审意见，并向申请人提供。

第二十一条 申请人对不予受理或者不予资助的决定不服的，可以自收到通知之日起 15 日内，向自然科学基金委提出书面复审申请。对评审专家的学术判断有不同意见，不得作为提出复审申请的理由。

自然科学基金委应当按照有关规定对复审申请进行审查和处理。

第二十二条 天元基金项目评审执行自然科学基金委项目评审回避与保密的有关规定。

第四章 实施与管理

第二十三条 自然科学基金委对决定予以资助的项目，应当根据专家评审意见以及资助额度等制作资助通知书。自然科学基金委应当公告予以资助项目的名称以及依托单位名称，公告期为5日。公告期满视为依托单位和项目负责人收到资助通知。

依托单位应当组织项目负责人按照资助通知书的要求填写项目计划书，并在收到资助通知之日起20日内完成审核，提交自然科学基金委。

自然科学基金委应当自收到项目计划书之日起30日内审核项目计划书，并在核准后将其中1份返还依托单位。核准后的项目计划书作为项目实施、经费拨付、检查和结题的依据。

项目负责人除根据资助通知书要求对申请书内容进行调整外，不得对其他内容进行变更。

逾期未提交项目计划书且在规定期限内未说明理由的，视为放弃接受资助。

第二十四条　自然科学基金委应当组织学术领导小组对天元基金项目的实施情况进行抽查。

第二十五条　天元基金项目实施中，依托单位不得擅自变更项目负责人。

项目负责人有下列情形之一的，依托单位应当及时提出变更项目负责人或者终止项目实施的申请，报自然科学基金委批准；自然科学基金委也可以直接作出终止项目实施的决定：

（一）不再是依托单位科学技术人员的；

（二）不能继续开展工作的；

（三）有剽窃他人科学研究成果或者在科学研究中有弄虚作假等行为的。

第二十六条　依托单位和项目负责人应当保证参与者的稳定，参与者不得变更、增加或者退出。

第二十七条　天元基金项目实施过程中，项目内容或者项目计划需要作出重大调整的，项目负责人应当及时提出申请，经依托单位审核后报自然科学基金委批准。

第二十八条　由于客观原因不能按期完成项目计划的，项目负责人可以申请延期1次，申请延长的期限不得超过1年。

项目负责人应当于项目资助期限届满60日前提出延期申请，经依托单位审核后报自然科学基金委批准。

第二十九条　自项目资助期满之日起60日内，项目负责人应当填写结题报告，经依托单位审核后提交自然科学基金委，取得研究成果的，应当同时提交研究成果报告。

项目负责人应当对结题报告和研究成果报告的真实性负责。

第三十条　自然科学基金委应当自收到结题报告之日起90日内审查结题报告，对符合结题要求的，准予结题并书面通知依托单位和项目负责人；对不符合结题要求的，应当提出处理意见，并书面通知依托单位和项目负责人。

对未按时提交结题报告的，责令其在30日内改正，并按有关规定处理。

第三十一条　自然科学基金委应当公布准予结题项目的结题报告、研究成果报告和项目申请摘要。

第三十二条　发表天元基金项目取得的研究成果，应当标注国家自然科学基金数学天元基金资助和项目批准号。

天元基金项目资助的科技活动项目，应当注明国家自然科学基金数学天元基金资助。

天元基金项目成果管理按照自然科学基金委成果管理的有关规定执行。项目形成的知识产权的归属、使用和转移，按照国家有关法律、法规执行。

第五章　附　　则

第三十三条　本办法中研究项目是指主要资助科学技术人员开展符合数学自身发展特殊需求的研究而设立的项目;科技活动项目是指主要资助科学技术人员开展与数学有关的研讨、交流、讲习、培训、传播等科技活动而设立的项目。

第三十四条　本办法自 2012 年 9 月 1 日起施行。1998 年 7 月 24 日公布的《数学天元基金管理实施办法》同时废止。

国家自然科学基金优秀青年科学基金项目管理办法

2014年2月18日国家自然科学基金委员会委务会议通过

第一章　总　　则

第一条　为了规范和加强国家自然科学基金优秀青年科学基金项目管理，根据《国家自然科学基金条例》（以下简称《条例》），制定本办法。

第二条　优秀青年科学基金项目支持在基础研究方面已取得较好成绩的青年学者自主选择研究方向开展创新研究，促进青年科学技术人才的快速成长，培养一批有望进入世界科技前沿的优秀学术骨干。

第三条　国家自然科学基金委员会（以下简称自然科学基金委）在优秀青年科学基金项目管理过程中履行以下职责：

（一）制定并发布年度项目指南；

（二）受理项目申请；

（三）组织专家进行评审；

（四）批准资助项目；

（五）管理和监督资助项目实施。

第四条　优秀青年科学基金项目的经费使用与管理，按照国家自然科学基金资助项目经费管理的有关规定执行。

第二章 申　　请

第五条 自然科学基金委根据国家中长期人才发展规划、基金发展规划和基金资助工作评估报告制定项目指南。年度项目指南应当在接收项目申请起始之日 30 日前公布。

第六条 依托单位的科学技术人员申请优秀青年科学基金项目应当具备以下条件:

(一)具有中华人民共和国国籍;

(二)申请当年 1 月 1 日男性未满 38 周岁,女性未满 40 周岁;

(三)具有良好的科学道德;

(四)具有高级专业技术职务(职称)或者博士学位;

(五)具有承担基础研究课题或者其他从事基础研究的经历;

(六)与境外单位没有正式聘用关系;

(七)保证资助期内每年在依托单位从事研究工作的时间在 9 个月以上。

不具有中华人民共和国国籍的华人青年学者,符合前款(二)至(七)条件的,可以申请。

第七条 以下科学技术人员不得申请优秀青年科学基金项目:

(一)《条例》第十条第二款所列的无工作单位或者所在单位不是依托单位的;

(二)获得过国家杰出青年科学基金或者优秀青年科学基金项目资助的;

(三)当年申请国家杰出青年科学基金项目的;

（四）正在博士后流动站或者工作站内从事研究以及正在攻读研究生学位的。

第八条　申请人申请和承担基金项目的数量应当符合年度项目指南中的限项申请规定。

第九条　申请人应当是优秀青年科学基金项目的实际负责人，限为1人。

优秀青年科学基金项目研究期限为3年。

第十条　申请人应当按照年度项目指南要求，通过依托单位提出书面申请。申请人应当对所提交的申请材料的真实性负责。

申请人可以向自然科学基金委提供3名以内不适宜评审其项目申请的通讯评审专家名单。

第十一条　申请人的单位有下列情况之一的，应当在申请时注明：

（一）同年申请或者参与申请各类项目的单位不一致的；

（二）与正在承担的各类项目的单位不一致的。

第十二条　依托单位应当对申请材料的真实性和完整性进行审核，统一提交自然科学基金委。

第十三条　自然科学基金委应当自项目申请截止之日起45日内完成对申请材料的初步审查。符合本办法规定的，予以受理并公布申请人基本情况、研究领域及依托单位名称。有下列情形之一的，不予受理，通过依托单位书面通知申请人，并说明理由：

（一）申请人不符合本办法规定的；

（二）申请材料不符合年度项目指南要求的；

（三）申请人在不得申请国家自然科学基金资助的处罚期内的；

（四）依托单位在不得作为依托单位的处罚期内的。

第三章　评审与批准

第十四条　自然科学基金委负责组织同行专家对受理的项目申请进行评审。项目评审程序包括通讯评审和会议评审。

第十五条　优秀青年科学基金项目的评审应当重点考虑申请人以下几个方面：

（一）近 5 年取得的科研成就；

（二）提出创新思路和开展创新研究的潜力；

（三）拟开展的研究工作的科学意义和创新性；

（四）研究方案的可行性。

第十六条　对于已受理的项目申请，自然科学基金委应当根据申请书内容和有关评审要求从同行专家库中随机选择 5 名以上专家进行通讯评审。

对于申请人提供的不适宜评审其项目申请的评审专家名单，自然科学基金委在选择评审专家时应当根据实际情况予以考虑。

每份项目申请的有效评审意见不得少于 5 份。

第十七条　自然科学基金委应当根据通讯评审情况对项目申请进行排序和分类，确定参加会议评审的项目申请。

会议评审专家应当来自专家评审组，根据需要可以邀请其他专家参加会议评审。到会评审专家应当为 15 人以上。

被确定参加会议评审的项目，其申请人应当到会答辩；不到会答辩的，视为放弃申请。

会议评审专家在充分考虑申请人答辩情况、通讯评审意见和资助计划的基础上，对到会答辩的申请人以无记名投票的方式表决，建议予以资助的应当以出席会议评审专家的过半数通过。

第十八条　自然科学基金委根据本办法的规定和专家会议表决结果，决定予以资助的项目。

第十九条　自然科学基金委决定予以资助的，应当根据专家评审意见以及资助额度等及时制作资助通知书，书面通知依托单位和申请人，并公布申请人基本情况以及依托单位名称、研究领域、资助额度等；决定不予资助的，应当及时书面通知申请人和依托单位，并说明理由。

自然科学基金委应当整理专家评审意见，并向申请人和依托单位提供。

第二十条　申请人对不予受理或者不予资助的决定不服的，可以自收到通知之日起15日内，向自然科学基金委提出书面复审申请。对评审专家的学术判断有不同意见，不得作为提出复审申请的理由。

自然科学基金委应当按照有关规定对复审申请进行审查和处理。

第四章　实施与管理

第二十一条　自然科学基金委应当公告予以资助项目负责人名单以及依托单位名称，公告期为5日。公告期满视为依托单位和项目负责人收到资助通知。

依托单位应当组织项目负责人按照资助通知书的要求填写项目计划书（一式两份），并在收到资助通知之日起20日内完成审核，提交自然科学基金委。

自然科学基金委应当自收到项目计划书之日起30日内审核项目计划书，并在核准后将其中1份返还依托单位。核准后的项目计划书作为项目实施、经费拨付、检查和结题的依据。

项目负责人除根据资助通知书要求对申请书内容进行调整外，不得对其他内容进行变更。

逾期未提交项目计划书且在规定期限内未说明理由的，视为放弃接受资助。

第二十二条 项目负责人应当按照项目计划书开展研究工作，做好资助项目实施情况的原始记录，填写项目年度进展报告。

依托单位应当审核项目年度进展报告并于次年1月15日前提交自然科学基金委。

第二十三条 自然科学基金委应当审查提交的项目年度进展报告。对未按时提交的，责令其在10日内提交，并视情节按有关规定处理。

第二十四条 优秀青年科学基金项目实施过程中，项目负责人不得变更。项目负责人有下列情形之一的，依托单位应当及时提出终止项目实施的申请，报自然科学基金委批准；自然科学基金委也可以直接作出终止项目实施的决定：

（一）不再是依托单位科学技术人员的；

（二）不能继续开展研究工作的；

（三）连续一年以上出国的；

（四）有剽窃他人科学研究成果或者在科学研究中有弄虚作假等行为的。

项目负责人调入另一依托单位工作的，经所在依托单位与原依托单位协商一致，由原依托单位提出变更依托单位的申请，报自然科学基金委批准。协商不一致的，自然科学基金委作出终止该项目负责人所负责的项目实施的决定。

发生第一、二款情形，自然科学基金委作出批准、不予批准和终止决定的，应当及时通知依托单位和项目负责人。

第二十五条 项目实施过程中，研究内容或者研究计划需要作出重大调整的，项目负责人应当及时提出申请，经依托单位审核后报自然科学基金委批准。

第二十六条 自项目资助期满之日起60日内，项目负责人应当撰写结题报告、编制项目资助经费决算；取得研究成果的，应当同时提交研究成果报告。项目负责人应当对结题材料的真实性负责。

第二十七条 有下列情况之一的，自然科学基金委应当责令依托单位和项目负责人10日内提交或者改正；逾期不提交或者改正的，视情节按有关规定处理：

（一）未按时提交结题报告的；

（二）未按时提交资助经费决算的；

（三）提交的结题报告材料不齐全或者手续不完备的；

（四）提交的资助经费决算手续不全或者不符合填报要求的；

（五）其他不符合自然科学基金委要求的情况。

第二十八条 自然科学基金委应当对结题材料进行审查，必要时组织同行专家以通讯评审或者会议评审方式对项目完成情况进行审查。

第二十九条 自然科学基金委根据结题材料提交情况和审查情况，作出予以结题的决定并书面通知依托单位和项目负责人。

第三十条 自然科学基金委应当公布准予结题项目的结题报告、研究成果报告和项目申请摘要。

第三十一条 发表优秀青年科学基金项目取得的研究成果，应当按照自然科学基金委成果管理的有关规定注明得到国家自然科学基金资助。

第三十二条 优秀青年科学基金项目研究形成的知识产权的归属、使用和转移，按照国家有关法律、法规执行。

第五章 附 则

第三十三条 优秀青年科学基金项目评审和结题审查，执行自然科学基金委项目评审回避与保密的有关规定。

第三十四条 本办法自 2014 年 7 月 1 日起施行。

国家自然科学基金外国青年学者研究基金项目管理办法

2014 年 12 月 8 日国家自然科学基金委员会委务会议通过

第一章　总　　则

第一条　为了规范和加强国家自然科学基金外国青年学者研究基金项目（以下简称外青研究项目）的管理，依照《国家自然科学基金条例》（以下简称《条例》），制定本办法。

第二条　外青研究项目支持外国青年学者在国家自然科学基金资助范围内自主选题，在中国内地开展基础研究工作，旨在促进外国青年学者与中国学者之间开展长期、稳定的学术合作与交流。

第三条　国家自然科学基金委员会（以下简称自然科学基金委）在外青研究项目管理过程中履行下列职责：

（一）制定并发布年度项目指南；

（二）受理项目申请；

（三）组织专家进行评审；

（四）批准资助项目；

（五）管理和监督资助项目实施。

第四条　外青研究项目经费的使用与管理，按照国家自然科学基金资助项目经费管理的有关规定执行。

第二章　申请与受理

第五条　自然科学基金委根据基金发展规划、国际（地区）合作政策和基金资助工作评估报告，在广泛听取专家意见的基础上，制定年度项目指南。年度项目指南应当在接收项目申请起始之日30日前公布。

第六条　依托单位的具有外国国籍的科学技术人员，具备下列条件的，可以申请外青研究项目：

（一）申请当年1月1日未满40周岁；

（二）具有博士学位；

（三）具有从事基础研究或者博士后研究工作经历；

（四）保证资助期内全时在依托单位开展研究工作；

（五）确保在中国工作期间遵守中国法律法规及自然科学基金的各项管理规定。

第七条　依托单位应当与申请人签订协议书。协议书应当包括以下内容：

（一）研究的课题名称以及预期目标；

（二）依托单位提供申请人项目实施期间的生活待遇以及所必需的工作条件；

（三）知识产权归属的约定。

依托单位应当指定联系人，负责向申请人提供政策咨询，协助基金项目经费使用等方面的管理工作。

第八条　申请外青研究项目的限项要求按照年度项目指南中的有关规定执行。

第九条 申请人应当是申请外青研究项目的实际负责人，限为1人。外青研究项目不允许有参与申请者。

外青研究项目研究期限为一年或者二年。

第十条 申请人应当按照年度项目指南要求，通过依托单位提出书面申请。申请人应当用英文撰写申请书。申请人应当对所提交的申请材料的真实性负责。

依托单位应当对申请材料的真实性和完整性进行审核，统一提交自然科学基金委。

申请人可以向自然科学基金委提供3名以内不适宜评审其项目申请的评审专家名单。

第十一条 自然科学基金委应当自外青研究项目申请截止之日起45日内完成对申请材料的初步审查。符合本办法规定的，予以受理并公布申请人基本情况和依托单位名称、申请项目名称。有下列情形之一的，不予受理，通过依托单位书面通知申请人，并说明理由：

（一）申请人不符合本办法规定条件的；

（二）申请材料不符合项目指南要求的；

（三）未在规定期限内提交申请的；

（四）申请人在不得申请国家自然科学基金资助的处罚期内的；

（五）依托单位在不得作为依托单位的处罚期内的。

第三章 评审与批准

第十二条 自然科学基金委负责组织同行专家对受理的项目

申请进行评审,可以采用通讯评审或者会议评审的方式。

第十三条 评审专家应当对项目申请从以下几个方面进行独立判断和评价,提出评审意见:

(一)申请人接受教育的背景和基础研究能力;

(二)从事基础研究工作的经历及取得的进展;

(三)拟开展研究工作的创新性、科学价值和预期成果;

(四)研究计划的可行性及经费预算的合理性。

第十四条 通讯评审时,自然科学基金委应当根据申请书内容和有关评审要求,从同行专家库中随机选择3名以上专家进行评审。评审专家应当按照要求及时提出评审意见。

对于申请人提供的不适宜评审其项目申请的评审专家名单,自然科学基金委在选择评审专家时应当根据实际情况予以考虑。

每份项目申请的有效评审意见不得少于3份。

第十五条 会议评审时,自然科学基金委应当组织专家对项目申请进行评审。到会评审专家应当为9人以上。

自然科学基金委应当向会议评审专家提供年度资助计划、项目申请书等评审材料。

会议评审专家应当对会议评审项目以无记名投票的方式表决,建议予以资助的项目应当以出席会议评审专家的过半数通过。

第十六条 自然科学基金委根据本办法的规定和会议表决结果,决定予以资助的项目。

第十七条 自然科学基金委决定予以资助的,应当根据专家评审意见以及资助额度等及时制作资助通知书,书面通知申请人和依托单位,并公布申请人基本情况以及依托单位名称、拟资助的经费数额等;决定不予资助的,应当及时书面通知申请人和依托单位,并说明理由。

自然科学基金委应当整理专家评审意见,并向申请人和依托单位提供。

第十八条 申请人对不予受理或者不予资助的决定不服的,可以自收到通知之日起15日内,向自然科学基金委提出书面复审申请。对评审专家的学术判断有不同意见,不得作为提出复审申请的理由。

自然科学基金委应当按照有关规定对复审申请进行审查和处理。

第十九条 外青研究项目评审执行自然科学基金委项目评审回避与保密的有关规定。

第四章 实施与管理

第二十条 自然科学基金委应当公告予以资助项目的名称以及依托单位名称,公告期为5日。公告期满视为依托单位和项目负责人收到资助通知。

依托单位应当组织项目负责人按照资助通知书的要求填写项目计划书(一式两份),并在收到资助通知之日起20日内完成审核,提交自然科学基金委。

自然科学基金委应当自收到项目计划书之日起30日内审核项目计划书,并在核准后将其中1份返还依托单位。核准后的项目计划书作为项目实施、经费拨付、检查和结题的依据。

项目负责人除根据资助通知书要求对申请书内容进行调整外,不得对其他内容进行变更。

逾期未提交项目计划书且在规定期限内未说明理由的，视为放弃接受资助。

第二十一条 项目负责人应当按照项目计划书开展研究工作，做好资助项目实施情况的原始记录。

第二十二条 自然科学基金委应当对外青研究项目的实施情况进行抽查。

第二十三条 外青研究项目实施过程中，不得变更项目负责人和依托单位。

项目负责人有下列情形之一的，依托单位应当及时提出终止项目实施的申请，报自然科学基金委批准；自然科学基金委也可以直接做出终止项目实施的决定：

（一）不再是依托单位科学技术人员的；

（二）不能继续开展研究工作的；

（三）有剽窃他人科学研究成果或者在科学研究中有弄虚作假等行为的。

第二十四条 项目实施过程中，研究内容或者研究计划需要作出重大调整的，项目负责人应当及时提出申请，经依托单位审核后报自然科学基金委批准。

第二十五条 由于客观原因不能按期完成的，项目负责人可以申请延期1次，申请延长的期限不得超过半年。

项目负责人应当于项目资助期限届满60日前提出延期申请，经依托单位审核后报自然科学基金委批准。

第二十六条 项目负责人可以根据研究工作的需要提出一次延续资助申请；延续资助申请应当在资助期限届满前60日前提出。

延续资助期限分一年期或者二年期。

第二十七条　延续资助项目申请条件、评审、资助决定以及延续资助项目的实施和管理，按照本办法第六条至第二十五条的规定执行。

第二十八条　发生本办法第二十三条、第二十四条、第二十五条情形，自然科学基金委作出批准、不予批准和终止决定的，应当及时通知依托单位和项目负责人。

第二十九条　自外青研究项目资助或延续资助期满之日起60日内，项目负责人应当撰写结题报告、编制项目资助经费决算；取得研究成果的，应当同时提交研究成果报告。项目负责人应当对结题材料的真实性负责。

依托单位应当对结题材料的真实性和完整性进行审核，统一提交自然科学基金委。

对未按时提交结题报告和经费决算表的，自然科学基金委责令其在10日内提交，并视情节按有关规定处理。

第三十条　自然科学基金委应当自收到结题材料之日起90日内进行审查。对符合结题要求的，准予结题并书面通知依托单位和项目负责人。

有下列情况之一的，责令改正并视情节按有关规定处理：

（一）提交的结题报告材料不齐全或者手续不完备的；

（二）提交的资助经费决算手续不全或者不符合填报要求的；

（三）其他不符合自然科学基金委要求的情况。

第三十一条　自然科学基金委应当公布准予结题项目的结题报告、研究成果报告和项目申请摘要。

第三十二条　发表外青研究项目取得的研究成果，应当按照自然科学基金委成果管理的有关规定，注明得到国家自然科学基金资助。

第三十三条 外青研究项目研究形成的知识产权的归属、使用和转移，按照国家有关法律、法规执行。

第五章 附 则

第三十四条 本办法自2015年1月1日起施行。2009年公布的《外国青年学者研究基金实施方案（试行）》同时废止。

国家自然科学基金重大研究计划管理办法

2015 年 5 月 12 日国家自然科学基金委员会委务会议通过

第一章　总　　则

第一条　为了规范和加强国家自然科学基金重大研究计划（以下简称重大研究计划）管理，根据《国家自然科学基金条例》，制定本办法。

第二条　重大研究计划围绕国家重大战略需求和重大科学前沿，加强顶层设计，凝炼科学目标，凝聚优势力量，形成具有相对统一目标或方向的项目集群，促进学科交叉与融合，培养创新人才和团队，提升我国基础研究的原始创新能力，为国民经济、社会发展和国家安全提供科学支撑。

第三条　重大研究计划应当遵循有限目标、稳定支持、集成升华、跨越发展的基本原则。

重大研究计划执行期一般为 8 年。

第四条　国家自然科学基金委员会（以下简称自然科学基金委）在重大研究计划管理过程中履行下列职责：

（一）组织与批准重大研究计划立项；

（二）组建重大研究计划指导专家组（以下简称指导专家组）；

（三）组织制定并发布项目指南；

（四）受理项目申请；

(五)组织专家进行项目评审;

(六)批准资助项目;

(七)管理和监督资助项目实施;

(八)组织重大研究计划评估;

(九)审核批准重大研究计划实施结束。

第五条 每个重大研究计划均应设立指导专家组,以实现对重大研究计划的顶层设计和学术指导。指导专家组由 7 -9 名来自不同单位、不同领域的专家组成,设组长 1 人,副组长 1 人。指导专家组成员应当保持稳定,除不可抗力外,组长和副组长不得中途退出指导专家组。

指导专家组成员应当具备以下条件:

(一)具备良好的科学道德,公道正派;

(二)学术水平高,熟悉相关领域的科学技术发展趋势;

(三)具有宽广的学术视野、较强的战略思维和宏观把握能力;

(四)年龄不超过 65 周岁。

第六条 指导专家组履行下列职责:

(一)提出重大研究计划实施规划书(以下简称实施规划书);

(二)提出项目指南建议;

(三)参加会议评审工作;

(四)指导在研项目的年度学术交流活动;

(五)跟踪项目进展,开展战略研究;

(六)编制重大研究计划中期评估自评估报告和阶段实施报告;

(七)编制重大研究计划结束评估总结报告、研究成果报告和战略研究报告。

第七条　自然科学基金委设立重大研究计划管理工作组，由主管科学部和相关科学部工作人员组成。履行自然科学基金委的有关职责，负责重大研究计划的组织实施及项目管理工作，联系指导专家组。

管理工作组设组长1人，由重大研究计划主管科学部负责人担任。

第八条　重大研究计划项目的经费使用与管理，按照国家自然科学基金资助项目资金管理有关规定执行。

第二章　重大研究计划立项

第九条　重大研究计划立项应当符合下列条件：

（一）研究方向符合国家科技发展规划和科学基金的优先发展领域；

（二）在我国基础研究发展总体布局中具有重点部署的必要性及合理性；

（三）核心科学问题体现基础性、前瞻性和交叉性；

（四）科学目标明确，具有可检验性；

（五）具备较好的研究工作积累及所需的基本研究条件；

（六）具有一定规模的高水平研究队伍以及若干在国际科学前沿作出有影响工作的科学家；

（七）通过实施重大研究计划，该领域或方向的整体水平应在国际上有显著的提高，实现跨越式发展。

第十条　在广泛征求科学家意见的基础上，自然科学基金委科学部提出重大研究计划立项设想，经科学部专家咨询委员会论证后，报自然科学基金委委务会议审议。

自然科学基金委委务会议以记名投票、超过半数通过的方式进行差额遴选，批准重大研究计划立项设想。

第十一条 对于批准的立项设想，科学部应当组织专家起草组撰写重大研究计划立项建议书。

立项建议书的内容包括：立项依据、总体目标与核心科学问题、国内现有工作基础、研究条件与队伍状况、计划框架与组织方式、实施年限与经费预算、指导专家组和管理工作组的建议名单。

第十二条 自然科学基金委委务（扩大）会议对立项建议书进行审议，以记名投票、超过半数通过的方式遴选，批准重大研究计划立项并成立指导专家组和管理工作组。

第十三条 指导专家组根据委务（扩大）会的意见和建议提出实施规划书，报自然科学基金委审批。

实施规划书是项目指南制定以及重大研究计划整体实施和评估的依据，包括科学目标与核心科学问题、主要研究内容、实施方案、年度经费安排计划等细化内容。

第三章 项目申请与受理

第十四条 指导专家组根据实施规划书和学科发展趋势，提出年度项目指南建议，自然科学基金委根据年度项目指南建议制定年度项目指南，并在接收项目申请起始之日 30 日前公布。

第十五条 重大研究计划项目包括培育项目、重点支持项目、集成项目和战略研究项目 4 个亚类。

（一）培育项目是指符合重大研究计划的研究目标和资助范

围，创新性明显，尚需在研究中进一步明确突破方向和凝聚研究力量的项目，研究期限一般为3年；

（二）重点支持项目是指研究方向属于国际前沿，创新性强，有很好的研究基础和研究队伍，有望取得重要研究成果，并且对重大研究计划目标的完成有重要作用的项目，研究期限一般为4年；

（三）集成项目是指在前期资助和调研的基础上，针对重大研究计划中非常重要和有望突破的方向，明确目标，集中优势力量，能够实现跨越发展，使我国在该领域的研究水平处于国际前列或领先水平的项目，研究期限根据整个重大研究计划的安排确定；

（四）战略研究项目是指用于支持指导专家组进行战略调研、项目跟踪、专题研讨以及学术交流等活动的项目，研究期限根据需要确定。

第十六条　依托单位的科学技术人员具备下列条件的，可以申请重大研究计划项目：

（一）具有承担基础研究课题的经历；

（二）具有高级专业技术职务（职称）。

正在博士后流动站或者工作站内从事研究、正在攻读研究生学位以及无工作单位或者所在单位不是依托单位的科学技术人员均不得申请。

申请人应当是申请重大研究计划项目的实际负责人，限为1人。

申请人申请项目的数量应当符合年度项目指南中对申请和承担项目数量的限制。

指导专家组成员任职期间不得申请和参与申请本重大研究计划项目（战略研究项目除外）。根据需要申请和参与申请集成项目的指导专家组成员应退出指导专家组。

第十七条 重大研究计划项目申请人与参与者不是同一单位的,参与者所在单位视为合作研究单位。培育项目和重点支持项目的合作研究单位的数量不得超过2个,集成项目的合作研究单位不得超过4个。

第十八条 申请人应当按照项目指南要求,通过依托单位提出书面申请。申请人应当对所提交的申请材料的真实性负责。

依托单位应当对申请材料的真实性和完整性进行审核,统一提交自然科学基金委。

申请人可以向自然科学基金委提供3名以内不适宜评审其项目申请的通讯评审专家名单。

第十九条 申请人或者具有高级专业技术职务(职称)的参与者的单位有下列情况之一的,应当在申请时注明:

(一)同年申请或者参与申请各类项目的单位不一致的;

(二)与正在承担的各类项目的单位不一致的。

第二十条 自然科学基金委应当自项目申请截止之日起45日内完成对申请材料的初步审查。符合本办法规定的,予以受理并公布申请人基本情况和依托单位名称、申请项目名称。有下列情形之一的,不予受理,通过依托单位书面通知申请人,并说明理由:

(一)申请人不符合本办法规定条件的;

(二)申请材料不符合项目指南要求的;

(三)未在规定期限内提交申请的;

(四)申请人、参与者在不得申请或者参与申请国家自然科学基金资助的处罚期内的;

（五）依托单位在不得作为依托单位的处罚期内的。

第四章　项目评审和批准

第二十一条　自然科学基金委负责组织同行专家对受理的项目申请进行评审，评审程序包括通讯评审和会议评审。

第二十二条　评审专家对项目申请应当从科学价值、创新性、社会影响以及研究方案的可行性等方面进行独立判断和评价，提出评审意见。

评审专家提出评审意见时还应当按照本办法第二条和第十五条的要求考虑以下几个方面：

（一）凝炼科学问题和科学目标的情况；

（二）与重大研究计划总体目标的相关性；

（三）研究队伍构成、研究基础和相关的研究条件；

（四）申请经费使用计划的合理性。

第二十三条　对于已受理的项目申请，自然科学基金委根据申请书内容和有关评审要求，随机选取 5 名以上同行专家进行通讯评审，对交叉领域项目应当注意专家的学科覆盖面。

对于申请人提供的不适宜评审其重大研究计划项目申请的评审专家名单，自然科学基金委在选择评审专家时应当根据实际情况予以考虑。

每个项目申请的有效评审意见不得少于 5 份。

第二十四条　自然科学基金委根据通讯评审意见分类排序确定参加会议评审的项目申请。

会议评审专家应当主要来自指导专家组，同时还可以邀请相关领域专家组成。会议评审由指导专家组组长或副组长主持。到会评审专家应当为13人以上。

自然科学基金委应当向会议评审专家提供年度资助计划、重大研究计划项目申请书和通讯评审意见等评审材料。

第二十五条 被确定参加会议评审的重点支持项目或集成项目,其申请人应当到会答辩,不到会答辩的,视为放弃申请。确因不可抗力不能到会答辩的,申请人经自然科学基金委批准可以委托项目参与者到会答辩。

会议评审专家应当在充分考虑申请人答辩情况、通讯评审意见和资助计划的基础上,对会议评审项目以无记名投票的方式表决,建议予以资助的项目应当以出席会议评审专家的过半数通过。

第二十六条 会议评审专家认为的非共识项目等特殊项目,2名以上的会议评审专家可以署名推荐,经会议评审组以无记名方式投票表决,建议予以资助的项目应当以出席会议评审专家的三分之二以上的多数通过。

指导专家组认为需要特殊部署的项目,由指导专家组成员提出建议,指导专家组另行召开会议,集体讨论确定。

第二十七条 自然科学基金委根据本办法的规定和会议评审结果,决定予以资助的项目。

第二十八条 自然科学基金委决定予以资助的,应当根据专家评审意见以及资助额度等及时制作资助通知书,书面通知依托单位和申请人,并公布申请人基本情况以及依托单位名称、申请项目名称、资助额度等;决定不予资助的,应当及时书面通知申请人和依托单位,并说明理由。

自然科学基金委应当整理专家评审意见,并向申请人和依托单位提供。

第二十九条　申请人对不予受理或者不予资助的决定不服的,可以自收到通知之日起15日内,向自然科学基金委提出书面复审申请。对评审专家的学术判断有不同意见,不得作为提出复审申请的理由。

自然科学基金委应当按照有关规定对复审申请进行审查和处理。

第五章　项目实施与管理

第三十条　自然科学基金委应当公告予以资助的重大研究计划项目名称以及依托单位名称,公告期为5日。公告期满视为依托单位和项目负责人收到资助通知。

依托单位应当组织项目负责人按照资助通知书的要求填写项目计划书(一式两份),并在收到资助通知之日起20日内完成审核,提交自然科学基金委。

自然科学基金委应当自收到项目计划书之日起30日内审核计划书,并在核准后将其中1份返还依托单位。核准后的项目计划书作为项目实施、经费拨付、中期检查和结题审查的依据。

项目负责人除根据资助通知书要求对申请书内容进行调整外,不得对其他内容进行变更。

逾期未提交项目计划书且在规定期限内未说明理由的,视为放弃接受资助。

第三十一条　自然科学基金委应当会同指导专家组对正在实施的项目通过年度交流会、中期检查、专题研讨、实地考察及结题审查等方式进行跟踪检查，保障项目的顺利实施。

第三十二条 项目负责人应当按照项目计划书组织开展研究工作，做好资助项目实施情况的原始记录，填写项目年度进展报告。

依托单位应当审核项目年度进展报告并于次年1月15日前提交自然科学基金委。

第三十三条 自然科学基金委应当审查提交的项目年度进展报告。对未按时提交的，责令其在10日内提交，并视情节按有关规定处理。

第三十四条 自然科学基金委应当会同指导专家组在重点支持项目和集成项目实施中期组织同行专家对项目进展和经费使用情况等进行检查。

中期检查采取会议或者通讯评审方式进行，会议方式也可以与重大研究计划学术研讨与交流活动共同进行。

第三十五条 重大研究计划项目实施过程中，一般不得变更依托单位，依托单位不得擅自变更项目负责人。

项目负责人有下列情形之一的，依托单位应当及时提出变更项目负责人或者终止项目实施的申请，报自然科学基金委批准；自然科学基金委也可以直接作出终止项目实施的决定：

（一）不再是依托单位科学技术人员的；

（二）不能继续开展研究工作的；

（三）有剽窃他人科学研究成果或者在科学研究中有弄虚作假等行为的。

第三十六条 依托单位和重大研究计划项目负责人应当保证项目参与者的稳定。

参与者不得擅自增加或者退出。由于客观原因确实需要增加或者退出的，由负责人提出申请，经依托单位审核后报自然科学基金委批准。

新增加的参与者应当符合项目指南的限项要求。退出的参与者1年内不得申请重大研究计划项目。

项目参与者变更单位以及增加参与者的，合作研究单位的数量应当符合本办法第十七条要求。

第三十七条　项目实施过程中，研究内容或者研究计划需要作出重大调整的，项目负责人应当及时提出申请，经依托单位审核后报自然科学基金委批准。

第三十八条　由于客观原因不能按期完成研究计划项目的，项目负责人可以申请延期1次，申请延长的期限不得超过2年。

项目负责人应当于项目资助期限届满60日前提出延期申请，经依托单位审核后报自然科学基金委批准。

第三十九条　发生本办法第三十五条、第三十六条、第三十七条、第三十八条情形，自然科学基金委作出批准、不予批准和终止决定的，应当及时通知依托单位、项目负责人。

第四十条　自项目资助期满之日起60日内，项目负责人应当撰写结题报告、编制项目资助经费决算；取得研究成果的，应当同时提交研究成果报告。项目负责人应当对结题材料的真实性负责。

依托单位应当对结题材料的真实性和完整性进行审核，统一提交自然科学基金委。

第四十一条　有下列情况之一的，自然科学基金委应当责令依托单位、项目负责人10日内提交或者改正；逾期不提交或者改

正的,视情节按有关规定处理:

(一)未按时提交结题报告的;

(二)未按时提交资助经费决算的;

(三)提交的结题报告材料不齐全或者手续不完备的;

(四)提交的资助经费决算手续不全或者不符合填报要求的;

(五)其他不符合自然科学基金委要求的情况。

第四十二条 自然科学基金委应当自收到结题材料之日起 90 日内,组织同行专家对重大研究计划项目完成情况进行审查。

审查采取会议评审或者通讯评审方式进行。会议评审专家应当为 13 人以上,其中应当包括参加过该项目评审或者中期检查的专家。会议评审也可以与重大研究计划学术研讨与交流活动共同进行。

第四十三条 评审专家应当从以下方面审查重大研究计划项目的完成情况,并向自然科学基金委提供评价意见:

(一)项目计划执行情况;

(二)研究成果情况;

(三)人才培养情况;

(四)对重大研究计划的贡献情况;

(五)国际合作与交流情况;

(六)资助经费的使用情况。

第四十四条 自然科学基金委根据结题材料提交情况和评审专家意见,作出予以结题的决定并书面通知依托单位和项目负责人。

第四十五条 自然科学基金委应当公布准予结题的重大研究计划项目的结题报告、研究成果报告和申请摘要。

第四十六条　重大研究计划项目取得的研究成果，应当按照自然科学基金委成果管理的有关规定注明得到国家自然科学基金资助。

第四十七条　重大研究计划项目研究形成的知识产权的归属、使用和转移，按照国家有关法律、法规执行。

第六章　重大研究计划评估

第四十八条　自然科学基金委应当对同期的重大研究计划统一组织评估。在重大研究计划实施中期进行中期评估，实施结束进行结束评估。

自然科学基金委组建综合评估专家组对重大研究计划进行综合评估。正在承担被评估的重大研究计划项目的科学技术人员不得担任综合评估专家组专家。

第四十九条　自然科学基金委按照重大研究计划实施时间分批组织中期评估。

中期评估包括中期自评估与中期综合评估两个阶段。

第五十条　指导专家组在项目学术交流或研讨的基础上，对重大研究计划的整体方向、阶段重要进展以及经费使用情况等进行中期自评估，并形成重大研究计划自评估报告。

第五十一条　自然科学基金委应当在重大研究计划自评估的基础上，组织综合评估专家组对重大研究计划中期实施情况进行评估。

中期综合评估采取会议评审方式进行。

评估专家应当从以下方面评估重大研究计划的中期实施情

况,并形成重大研究计划中期评估意见。

(一)重大研究计划的部署情况;

(二)阶段性重要进展及其影响;

(三)重大研究计划目标实现情况;

(四)集成思路及集成工作实施情况。

第五十二条 自然科学基金委根据重大研究计划中期评估意见审批下一阶段重大研究计划实施方案和经费计划。

指导专家组根据批准的重大研究计划实施方案,形成重大研究计划下一阶段实施报告,报自然科学基金委审批后实施。

第五十三条 自然科学基金委按照重大研究计划实施结束时间分批组织结束评估。

结束评估包括结束自评估与结束综合评估两个阶段。

第五十四条 指导专家组负责组织结束自评估,通过全面总结重大研究计划的执行情况、实施效果及体现重大研究计划水平的集成成果,形成重大研究计划总结报告和研究成果报告;通过深入分析国内外研究现状和发展趋势,提出该领域下一步深入研究的设想和建议,形成战略研究报告。

第五十五条 结束综合评估采取会议评审方式进行。

综合评估专家组评估专家应当就重大研究计划的总体设计及实施效果进行评估并形成重大研究计划结束评估意见,评估意见主要包括:

(一)顶层设计情况;

(二)研究计划完成情况;

(三)成果的水平与创新性;

(四)研究队伍创新能力、优秀人才培养情况;

（五）经费使用情况。

第五十六条　自然科学基金委根据重大研究计划结束评估意见，确定重大研究计划实施结束。

第七章　附　　则

第五十七条　重大研究计划项目评审、中期检查和重大研究计划中期评估、结束评估等，执行自然科学基金项目评审回避与保密的有关规定。

第五十八条　本办法自 2015 年 7 月 1 日起施行。

国家自然科学基金联合基金项目管理办法

2015 年 9 月 8 日国家自然科学基金委员会委务会议通过

第一章 总 则

第一条 为了规范和加强国家自然科学基金联合基金(以下简称联合基金)项目的管理,根据《国家自然科学基金条例》(以下简称《条例》),并结合联合基金管理特点,制定本办法。

第二条 联合基金是指由国家自然科学基金委员会(以下简称自然科学基金委)与联合资助方共同提供经费,在商定的科学与技术领域内共同支持基础研究的基金。

联合资助方包括政府部门、事业单位、企业或其他法人组织。

第三条 联合基金旨在发挥国家自然科学基金(以下简称自然科学基金)的导向作用,引导与整合社会资源投入基础研究,促进有关部门、企业、地区与高等学校和科学研究机构的合作,培养科学与技术人才,推动我国相关领域、行业、区域自主创新能力的提升。

联合基金设立的具体办法由自然科学基金委另行制定。

第四条 自然科学基金委应当与联合资助方签订联合资助协议。联合基金实施中的重大问题由联合资助双方共同研究决定。必要时联合资助双方可以成立联合基金管理委员会(以下简称管委会)。

联合基金是自然科学基金的组成部分,按自然科学基金管理方式,双方共同管理。

第五条　自然科学基金委在联合基金项目管理过程中会同联合资助方履行下列职责:

(一)制定并发布年度项目指南;

(二)受理项目申请;

(三)组织专家进行评审;

(四)批准资助项目;

(五)管理和监督资助项目实施。

第六条　联合基金项目的资金使用与管理,按照国家自然科学基金项目资助资金管理有关规定执行。

第二章　申请与受理

第七条　联合基金项目主要分为培育项目、重点支持项目等亚类。根据实际需要,双方可协商确定其它亚类。

第八条　联合资助方根据协议规定的研究领域并结合其发展需求提出联合基金年度项目指南建议。自然科学基金委根据科学基金发展规划、联合基金协议及联合资助方的年度项目指南建议,在广泛听取专家意见的基础上,制定年度项目指南。

年度项目指南应当在接收项目申请起始之日 30 日前公布。

第九条　依托单位的科学技术人员具备下列条件的,可以申请联合基金项目:

(一)具有承担基础研究课题或者其他从事基础研究的经历;

(二)具有高级专业技术职务(职称)或者具有博士学位。

（三）年度项目指南规定的其他条件。

第十条 申请人申请联合基金项目的数量应当符合年度项目指南中对申请和承担项目数量的限制。

第十一条 申请人应当是申请联合基金项目的实际负责人，限为1人。

参与者与申请人不是同一单位的，参与者所在单位视为合作研究单位，合作研究单位的数量不得超过2个，年度项目指南有特别规定的除外。

第十二条 申请人应当按照年度项目指南要求，通过依托单位提出书面申请。申请人应当对所提交的申请材料的真实性负责。

依托单位应当对申请材料的真实性和完整性进行审核，统一提交自然科学基金委。

申请人可以向自然科学基金委提供3名以内不适宜评审其项目申请的通讯评审专家名单。

第十三条 申请人或者具有高级专业技术职务（职称）的参与者的单位有下列情况之一的，应当在申请时注明：

（一）同年申请或者参与申请各类项目的单位不一致的；

（二）与正在承担的各类项目的单位不一致的。

第十四条 自然科学基金委应当自联合基金项目申请截止之日起45日内完成对申请材料的初步审查。符合本办法规定的，予以受理并公布申请人基本情况和依托单位名称、申请项目名称。有下列情形之一的，不予受理，通过依托单位书面通知申请人，并说明理由：

（一）申请人不符合本办法规定条件的；

（二）申请材料不符合年度项目指南要求的；

（三）未在规定期限内提交申请的；

（四）申请人、参与者在不得申请国家自然科学基金资助的处罚期内的；

（五）依托单位在不得作为依托单位的处罚期内的。

第三章　评审与批准

第十五条　自然科学基金委负责组织同行专家对受理的联合基金项目申请进行评审。项目评审程序包括通讯评审和会议评审。

第十六条　评审专家对联合基金项目申请应当从科学价值、创新性、社会影响以及研究方案的可行性等方面进行独立判断和评价，提出评审意见。

评审专家提出评审意见时，还应当考虑申请人和参与者的研究经历、研究基础和相关的研究条件、项目申请经费使用计划的合理性以及各项联合基金设立的定位和特殊要求。

第十七条　自然科学基金委对已受理的联合基金项目申请，应当先从同行专家库中随机选择 3 名以上专家进行通讯评审。

对于申请人提供的不适宜评审其项目申请的评审专家名单，自然科学基金委在选择通讯评审专家时应当根据实际情况予以考虑。

培育项目每份申请的有效通讯评审意见不得少于 3 份；重点支持项目等其它类型项目每份申请的有效通讯评审意见不少于 5 份。

第十八条 通讯评审完成后，自然科学基金委应当组织专家对联合基金项目申请进行会议评审，会议评审专家应当为9人以上且符合自然科学基金委关于选聘评审专家的原则和要求。

第十九条 自然科学基金委应当根据通讯评审情况对项目申请进行排序和分类，确定参加会议评审的项目申请。必要时可会同联合资助方按照双方约定方式共同确定。

自然科学基金委应当向会议评审专家提供年度资助计划、项目申请书和通讯评审意见等评审材料。

第二十条 联合基金项目需要到会答辩的，其申请人应当到会答辩，不到会答辩的，视为放弃申请。确因不可抗力不能到会答辩的，申请人经自然科学基金委批准可以委托项目参与者到会答辩。

会议评审专家应当在充分考虑申请人答辩情况、通讯评审意见和资助计划的基础上，结合联合基金的特点，对会议评审项目以无记名投票的方式表决，建议予以资助的项目应当以出席会议评审专家的过半数通过。

第二十一条 自然科学基金委根据本办法的规定和专家会议表决结果，决定予以资助的项目。设有管委会的联合基金，也可以由管委会决定予以资助的项目。

第二十二条 决定予以资助的，自然科学基金委应当根据专家评审意见以及资助额度等及时制作资助通知书，书面通知依托单位和申请人，并公布申请人基本情况以及依托单位名称、申请项目名称、资助额度等；决定不予资助的，应当及时书面通知申请人和依托单位，并说明理由。

自然科学基金委应当整理专家评审意见，并向申请人和依托单位提供。

第二十三条　申请人对不予受理或者不予资助的决定不服的，可以自收到通知之日起 15 日内，向自然科学基金委提出书面复审申请。对评审专家的学术判断有不同意见，不得作为提出复审申请的理由。

自然科学基金委应当按照有关规定对复审申请进行审查和处理。

第四章　实施与管理

第二十四条　自然科学基金委应当公告予以资助项目的名称以及依托单位名称，公告期为 5 日。公告期满视为依托单位和项目负责人收到资助通知。

依托单位应当组织项目负责人按照资助通知书的要求填写项目计划书（一式两份），并在收到资助通知之日起 20 日内完成审核，提交自然科学基金委。

自然科学基金委应当自收到项目计划书之日起 30 日内审核项目计划书，并在核准后将其中 1 份返还依托单位。核准后的项目计划书作为项目实施、经费拨付、检查和结题的依据。

项目负责人除根据资助通知书要求对申请书内容进行调整外，不得对其他内容进行变更。

逾期未提交项目计划书且在规定期限内未说明理由的，视为放弃接受资助。

第二十五条　项目负责人应当按照项目计划书组织开展研究工作，做好资助项目实施情况的原始记录，填写项目年度进展报告。

依托单位应当审核项目年度进展报告并于次年 1 月 15 日前提交自然科学基金委。

第二十六条 自然科学基金委应当审查提交的项目年度进展报告。对未按时提交的,责令其在 10 日内提交,并视情节按有关规定处理。

第二十七条 自然科学基金委应当在重点支持项目实施中期,会同联合资助方组织同行专家对项目进展和经费使用情况等进行检查。

中期检查采取会议或者通讯评审方式进行,中期检查的专家应当为 5 人以上,其中应当包括参加过该项目评审的专家。

第二十八条 联合基金项目实施中,依托单位不得擅自变更项目负责人。

项目负责人有下列情形之一的,依托单位应当及时提出变更项目负责人或者终止项目实施的申请,报自然科学基金委批准;自然科学基金委也可以直接作出终止项目实施的决定:

(一)不再是依托单位科学技术人员的;

(二)不能继续开展研究工作的;

(三)有剽窃他人科学研究成果或者在科学研究中有弄虚作假等行为的;

(四)调入的依托单位不符合该联合基金申请条件。

项目负责人调入另一依托单位工作的,经所在依托单位与原依托单位协商一致,由原依托单位提出变更依托单位的申请,报自然科学基金委批准。协商不一致的,自然科学基金委作出终止该项目负责人所负责的项目实施的决定。

第二十九条 依托单位和项目负责人应当保证参与者的稳定。

参与者不得擅自增加或者退出。由于客观原因确实需要增加或者退出的，由项目负责人提出申请，经依托单位审核后报自然科学基金委批准。

新增加的参与者应当符合年度项目指南的要求。

第三十条 项目负责人或者参与者变更单位以及增加参与者的，合作研究单位应当符合年度项目指南的要求。

第三十一条 联合基金项目实施过程中，研究内容或者研究计划需要作出重大调整的，项目负责人应当及时提出申请，经依托单位审核后报自然科学基金委批准。

第三十二条 由于客观原因不能按期完成研究计划的，项目负责人可以申请延期1次，申请延长的期限不得超过2年。

项目负责人应当于项目资助期限届满60日前提出延期申请，经依托单位审核后报自然科学基金委批准。

批准延期的项目在结题前应当按时提交项目年度进展报告。

第三十三条 发生本办法第二十八条、第二十九条、第三十一条、第三十二条情形，自然科学基金委作出批准、不予批准和终止决定的，应当及时通知依托单位和项目负责人。

第三十四条 自项目资助期满之日起60日内，项目负责人应当撰写结题报告、编制项目资助经费决算；取得研究成果的，应当同时提交研究成果报告。项目负责人应当对结题材料的真实性负责。

依托单位应当对结题材料的真实性和完整性进行审核，统一提交自然科学基金委。

对未按时提交结题报告和经费决算表的，自然科学基金委责令其在10日内提交，并视情节按有关规定处理。

第三十五条 有下列情况之一的，自然科学基金委应当责令依托单位、项目负责人10日内提交或者改正；逾期不提交或者改正的，视情节按有关规定处理：

（一）未按时提交结题报告的；

（二）未按时提交资助经费决算的；

（三）提交的结题报告材料不齐全或者手续不完备的；

（四）提交的资助经费决算手续不全或者不符合填报要求的；

（五）其他不符合自然科学基金委要求的情况。

第三十六条 自然科学基金委应当自收到项目结题材料之日起90日内进行审查。

对重点支持项目还应会同联合资助方组织同行专家对项目完成情况通过通讯评审或会议评审方式进行结题审查。评审专家应当从以下方面审查项目的完成情况，并向自然科学基金委提供评价意见：

（一）项目计划执行情况；

（二）研究成果情况；

（三）人才培养情况；

（四）国际合作与交流情况；

（五）资助经费的使用情况。

自然科学基金委根据结题材料提交情况和评审专家意见，作出予以结题的决定并书面通知依托单位和项目负责人。

第三十七条 自然科学基金委应当公布准予结题项目的结题报告、研究成果报告和项目申请摘要。

第三十八条 联合基金项目取得的研究成果,应当按照年度项目指南标明联合基金名称和项目批准号。

第三十九条 联合基金项目取得的研究成果按照自然科学基金委成果管理的有关规定执行。项目形成的知识产权的归属、使用和转移,按照国家有关法律、法规执行。

联合资助协议中有特殊约定的或年度项目指南中有明确规定的,按照约定和规定执行。

第五章 附 则

第四十条 根据工作需要或者联合资助协议,自然科学基金委可以向联合资助方提供项目申请书、项目计划书、年度进展报告和结题报告。

第四十一条 联合基金项目评审、中期检查和结题验收审查等活动执行自然科学基金项目评审回避与保密的有关规定。

联合基金项目管理中涉及国家秘密的,按照国家有关法律法规规定执行。

第四十二条 本办法自 2015 年 11 月 1 日起施行。

◇ 三、经费与监督保障管理办法

国家自然科学基金资助项目资金管理办法

1. 2002 年 6 月 4 日财政部、国家自然科学基金委联合发布《国家自然科学基金项目资助经费管理办法》(财教〔2002〕65 号)和《国家杰出青年科学基金项目资助经费管理办法》(财教〔2002〕64 号)
2. 2015 年 4 月 15 日财政部、国家自然科学基金委员会联合修订(财教〔2015〕15 号)

第一章　总　　则

第一条　为了规范国家自然科学基金资助项目(以下简称项目)资金的使用和管理,提高资金使用效益,根据《国家自然科学基金条例》、《国务院关于改进加强中央财政科研项目和资金管理的若干意见》(国发〔2014〕11 号)、《国务院印发关于深化中央财政科技计划(专项、基金等)管理改革方案的通知》(国发〔2014〕64 号)和国家财政财务有关法律法规制定本办法。

第二条　本办法所称项目资金,是指国家自然科学基金按照《国家自然科学基金条例》规定,用于资助科学技术人员开展基础研究和科学前沿探索，支持人才和团队建设的专项资金。

第三条　财政部根据国家科技发展规划，结合国家自然科学基金资金需求和国家财力可能，将项目资金列入中央财政预算，并负责宏观管理和监督。

第四条　国家自然科学基金委员会（以下简称自然科学基金委）依法负责项目的立项和审批，并对项目资金进行具体管理和监督。

第五条　依托单位是项目资金管理的责任主体，应当建立健全"统一领导、分级管理、责任到人"的项目资金管理体制和制度，完善内部控制和监督约束机制，合理确定科研、财务、人事、资产、审计、监察等部门的责任和权限，加强对项目资金的管理和监督。

依托单位应当落实项目承诺的自筹资金及其他配套条件，对项目组织实施提供条件保障。

第六条　项目负责人是项目资金使用的直接责任人，对资金使用的合规性、合理性、真实性和相关性承担法律责任。

项目负责人应当依法据实编制项目预算和决算，并按照项目批复预算、计划书和相关管理制度使用资金，接受上级和本级相关部门的监督检查。

第七条　自然科学基金项目一般实行定额补助资助方式。对于重大项目、国家重大科研仪器研制项目等研究目标明确，资金需求量较大，资金应当按项目实际需要予以保障的项目，实行成本补偿资助方式。

第二章　项目资金开支范围

第八条　项目资金支出是指在项目组织实施过程中与研究活

动相关的、由项目资金支付的各项费用支出。项目资金分为直接费用和间接费用。

第九条 直接费用是指在项目研究过程中发生的与之直接相关的费用,具体包括:

(一)设备费:是指在项目研究过程中购置或试制专用仪器设备,对现有仪器设备进行升级改造,以及租赁外单位仪器设备而发生的费用。

(二)材料费:是指在项目研究过程中消耗的各种原材料、辅助材料、低值易耗品等的采购及运输、装卸、整理等费用。

(三)测试化验加工费:是指在项目研究过程中支付给外单位(包括依托单位内部独立经济核算单位)的检验、测试、化验及加工等费用。

(四)燃料动力费:是指在项目研究过程中相关大型仪器设备、专用科学装置等运行发生的可以单独计量的水、电、气、燃料消耗费用等。

(五)差旅费:是指在项目研究过程中开展科学实验(试验)、科学考察、业务调研、学术交流等所发生的外埠差旅费、市内交通费用等。差旅费的开支标准应当按照国家有关规定执行。

(六)会议费:是指在项目研究过程中为了组织开展学术研讨、咨询以及协调项目研究工作等活动而发生的会议费用。

会议费支出应当按照国家有关规定执行,并严格控制会议规模、会议数量和会期。

(七)国际合作与交流费:是指在项目研究过程中项目研究人员出国及赴港澳台、外国专家来华及港澳台专家来内地工作的费用。国际合作与交流费应当严格执行国家外事资金管理的有关规定。

（八）出版/文献/信息传播/知识产权事务费：是指在项目研究过程中，需要支付的出版费、资料费、专用软件购买费、文献检索费、专业通信费、专利申请及其他知识产权事务等费用。

（九）劳务费：是指在项目研究过程中支付给项目组成员中没有工资性收入的在校研究生、博士后和临时聘用人员的劳务费用，以及临时聘用人员的社会保险补助费用。

劳务费应当结合当地实际以及相关人员参与项目的全时工作时间等因素，合理确定。

（十）专家咨询费：是指在项目研究过程中支付给临时聘请的咨询专家的费用。专家咨询费标准按国家有关规定执行。

（十一）其他支出：项目研究过程中发生的除上述费用之外的其他支出，应当在申请预算时单独列示，单独核定。

直接费用应当纳入依托单位财务统一管理，单独核算，专款专用。

第十条　间接费用是指依托单位在组织实施项目过程中发生的无法在直接费用中列支的相关费用，主要用于补偿依托单位为了项目研究提供的现有仪器设备及房屋，水、电、气、暖消耗，有关管理费用，以及绩效支出等。绩效支出是指依托单位为了提高科研工作的绩效安排的相关支出。

第十一条　结合不同学科特点，间接费用一般按照不超过项目直接费用扣除设备购置费后的一定比例核定，并实行总额控制，具体比例如下：

（一）500 万元及以下部分为 20%；

（二）超过 500 万元至 1000 万元的部分为 13%；

（三）超过1000万元的部分为10%。

绩效支出不超过直接费用扣除设备购置费后的5%。

间接费用核定应当与依托单位信用等级挂钩，具体管理规定另行制定。

第十二条　间接费用由依托单位统一管理使用。依托单位应当制定间接费用的管理办法，合规合理使用间接费用，结合一线科研人员的实绩，公开、公正安排绩效支出，体现科研人员价值，充分发挥绩效支出的激励作用。依托单位不得在核定的间接费用以外再以任何名义在项目资金中重复提取、列支相关费用。

第三章　预算的编制与审批

第十三条　项目负责人（或申请人）应当根据目标相关性、政策相符性和经济合理性原则，编制项目收入预算和支出预算。

收入预算应当按照从各种不同渠道获得的资金总额填列。包括国家自然科学基金资助的资金以及从依托单位和其他渠道获得的资金。

支出预算应当根据项目需求，按照资金开支范围编列，并对直接费用支出的主要用途和测算理由等作出说明。对仪器设备鼓励共享、试制、租赁以及对现有仪器设备进行升级改造，原则上不得购置，确有必要购置的，应当对拟购置设备的必要性、现有同样设备的利用情况以及购置设备的开放共享方案等进行单独说明。合作研究经费应当对合作研究单位资质及拟外拨资金进行重点说明。

第十四条　依托单位应当组织其科研和财务管理部门对项目

预算进行审核。

有多个单位共同承担一个项目的，依托单位的项目负责人（或申请人）和合作研究单位参与者应当根据各自承担的研究任务分别编报资金预算，经所在单位科研、财务部门审核并签署意见后，由项目负责人（或申请人）汇总编制。

第十五条　申请人申请国家自然科学基金项目，应当按照本办法第八、九、十、十一条的规定编制项目资金预算，经依托单位审核后提交自然科学基金委。

第十六条　对于实行定额补助方式资助的项目，自然科学基金委组织专家对项目和资金预算进行评审，根据专家评审意见并参考同类项目平均资助强度确定项目资助额度。

对于实行成本补偿方式资助的项目，自然科学基金委组织专家或择优遴选第三方对项目资金预算进行专项评审，根据项目实际需求确定预算。

第十七条　依托单位应当组织项目负责人根据批准的项目资助额度，按规定调整项目预算，并在收到资助通知之日起20日内完成审核，报自然科学基金委核准。

第四章　预算执行与决算

第十八条　项目资金按照国库集中支付管理有关规定支付给依托单位。

有多个单位共同承担一个项目的，依托单位应当及时按预算和合同转拨合作研究单位资金，并加强对转拨资金的监督管理。

第十九条　项目负责人应当严格执行自然科学基金委核准的

项目预算。项目预算一般不予调整,确有必要调整的,应当按照规定报批。

实行定额补助方式资助的项目,预算调整情况应当在项目年度进展报告和结题报告中予以说明。实行成本补偿方式资助的项目,预算调整情况应当在中期财务检查或财务验收时予以确认。

第二十条 项目预算有以下情况确需调整的,应当经依托单位报自然科学基金委审批。

(一)项目实施过程中,由于研究内容或者研究计划做出重大调整等原因需要对预算总额进行调整的;

(二)同一项目课题之间资金需要调整的。

第二十一条 项目直接费用预算确需调整的,按以下规定予以调整:

(一)项目预算总额不变的情况下,材料费、测试化验加工费、燃料动力费、出版/文献/信息传播/知识产权事务费、其他支出预算如需调整,由项目负责人根据科研活动的实际需要提出申请,报依托单位审批。

(二)会议费、差旅费、国际合作与交流费在不突破三项支出预算总额的前提下可调剂使用。

(三)设备费、专家咨询费、劳务费预算一般不予调增,如需调减的,由项目负责人提出申请,报依托单位审批后,用于项目其他方面支出。

项目间接费用预算不得调整。

第二十二条 依托单位应当严格执行国家有关科研资金支出管理制度。会议费、差旅费、小额材料费和测试化验加工费等,应当按规定实行“公务卡”结算。设备费、大宗材料费和测试化验加工费、劳务费、专家咨询费等，原则上应当通过银行转账方式结算。

第二十三条 项目负责人应当严格按照资金开支范围和标准办理支出，不得擅自调整外拨资金，不得利用虚假票据套取资金，不得通过编造虚假劳务合同、虚构人员名单等方式虚报冒领劳务费和专家咨询费，不得通过虚构测试化验内容、提高测试化验支出标准等方式违规开支测试化验加工费，严禁使用项目资金支付各种罚款、捐款、赞助、投资等。

第二十四条 对于实行成本补偿方式资助的项目，项目中期评估时，由自然科学基金委组织专家对项目资金的使用和管理进行财务检查或评估。财务检查或评估的结果作为调整项目预算安排的依据。

第二十五条 项目研究结束后，项目负责人应当会同科研、财务、资产等管理部门及时清理账目与资产，如实编制项目资金决算，不得随意调账变动支出、随意修改记账凭证。

有多个单位共同承担一个项目的，依托单位的项目负责人和合作研究单位的参与者应当分别编报项目资金决算，经所在单位科研、财务管理部门审核并签署意见后，由依托单位项目负责人汇总编制。

依托单位应当组织其科研、财务管理部门审核项目资金决算，并签署意见后报自然科学基金委。

第二十六条 对于实行成本补偿方式资助的项目，依托单位应当在委托第三方对项目资金决算进行审计认证后，提出财务验收申请，自然科学基金委负责组织专家对项目进行财务验收。

第二十七条 依托单位应当按年度编制本单位项目资金年度收支报告，全面反映项目资金年度收支情况、资金管理情况及取得的绩效等。年度收支报告于下一年度3月1日前报送自然科学基金委。

第二十八条 项目通过结题验收并且依托单位信用评价好的，项目结余资金在2年内由依托单位统筹安排，专门用于基础研究的直接支出。若2年后结余资金仍有剩余的，应当按原渠道退回自然科学基金委。

未通过结题验收和整改后通过结题验收的项目，或依托单位信用评价差的，结余资金应当在验收结论下达后30日内按原渠道退回自然科学基金委。

项目负责人在项目结题验收后如需继续使用结余资金，可以向依托单位提出申请。

第二十九条 项目实施过程中，因故终止执行的项目，其结余资金应当退回自然科学基金委。

因故被依法撤销的项目，已拨付的资金应当全部退回自然科学基金委。因特殊情况退回资金确有困难的，应当由依托单位提出申请报自然科学基金委核准。

第三十条 依托单位应当严格执行国家有关政府采购、招投标、资产管理等规定。行政事业单位使用项目资金形成的固定资产属于国有资产，一般由依托单位进行使用和管理，国家有权进行调配。企业使用项目资金形成的固定资产，按照《企业财务通则》等相关规章制度执行。

项目资金形成的知识产权等无形资产的管理，按照国家有关规定执行。

第五章　监督检查

第三十一条　依托单位项目资金管理和使用情况应当接受国家财政部门、审计部门和自然科学基金委的检查与监督。依托单位和项目负责人应当积极配合并提供有关资料。

依托单位应当对项目资金的管理使用情况进行不定期审计或专项审计。发现问题的，应当及时向自然科学基金委报告。

第三十二条　自然科学基金委、依托单位应当建立项目资金的绩效管理制度，结合财务审计和财务验收，对项目资金管理使用效益进行绩效评价。

第三十三条　项目资金管理建立承诺机制。依托单位应当承诺依法履行项目资金管理的职责。项目负责人应当承诺提供真实的项目信息，并认真遵守项目资金管理的有关规定。依托单位和项目负责人对信息虚假导致的后果承担责任。

第三十四条　项目资金管理建立信用管理机制。自然科学基金委对依托单位和项目负责人在项目资金管理方面的信誉度进行评价和记录，作为对依托单位信用评级、绩效考评和对项目负责人绩效考评以及连续资助的依据。

第三十五条　项目资金管理建立信息公开机制。自然科学基金委应当及时公开非涉密项目预算安排情况，接受社会监督。

依托单位应当在单位内部公开项目资金预算、预算调整、决算、项目组人员构成、设备购置、外拨资金、劳务费发放以及结余资金和间接费用使用等情况。

第三十六条　任何单位和个人发现项目资金在使用和管理过

程中有违规行为的，有权检举或者控告。

第三十七条 对于预算执行过程中，不按规定管理和使用项目资金、不按时报送年度收支报告、不按时编报项目决算、不按规定进行会计核算，截留、挪用、侵占项目资金的依托单位和项目负责人，按照《预算法》、《国家自然科学基金条例》和《财政违法行为处罚处分条例》等法律法规处理。涉嫌犯罪的，移送司法机关处理。

第六章 附 则

第三十八条 本办法由财政部、自然科学基金委负责解释

第三十九条 本办法自2015年4月15日起施行。国家杰出青年科学基金项目资金管理依照本办法执行。2002年6月颁布的《国家自然科学基金项目资助经费管理办法》（财教〔2002〕65号）和《国家杰出青年科学基金项目资助经费管理办法》（财教〔2002〕64号）同时废止。

国家自然科学基金委员会信息公开管理办法

2008年11月13日国家自然科学基金委员会委务会议通过

第一条 为了保障公民、法人和其他组织依法获取国家自然科学基金委员会(以下简称自然科学基金委)的有关信息,提高科学基金工作的透明度,充分发挥自然科学基金委信息对人民群众的服务作用,依据《中华人民共和国政府信息公开条例》制定本办法。

第二条 本办法所称的有关信息,是指自然科学基金委在履行职责过程中制作或者获取的,以一定形式记录、保存的信息。

第三条 自然科学基金委政务公开工作领导小组负责组织、指导政府信息公开工作,研究协调信息公开工作中的重大问题。政务公开工作领导小组下设信息公开办公室,其主要职责是:

(一)具体承办信息公开事宜;

(二)维护和更新公开的信息;

(三)组织编制信息公开指南、信息公开目录;

(四)编制信息公开工作年度报告;

(五)对拟公开的信息进行保密审查;

(六)与信息公开有关的其他职责。

第四条 信息公开工作应当坚持公正、公平、便民的原则。

第五条 自然科学基金委应当及时、准确地公开信息。发现影响或者可能影响科学基金管理秩序的虚假或者不完整信息的,应当发布准确的信息予以澄清。

第六条 自然科学基金委建立健全信息发布协调机制。发布信息涉及其他行政机关的,应当与有关行政机关进行沟通、确认,保证发布的信息准确一致。

发布信息依照国家有关规定需要批准的,未经批准不得发布。

第七条 自然科学基金委公开信息应当接受国务院政府信息公开工作主管部门和监察机关的监督和检查。

第八条 公开信息不得危及国家安全、公共安全、经济安全和社会稳定。

第九条 自然科学基金委应当确定主动公开的信息的具体内容,并重点公开下列信息:

(一)部门规章和规范性文件;

(二)年度财政预算、决算报告、基金资助经费的拨付情况;

(三)依托单位注册信息;

(四)年度基金项目指南;

(五)基金资助项目申请人的基本情况、资助项目名称、资助经费数额;

(六)基金资助项目的结题报告摘要、申请摘要和研究成果报告;

(七)对基金资助项目的实施情况、依托单位履行职责情况的抽查结果;

(八)违法行为的处罚情况;

(九)其他按照法律法规应当公布的信息。

第十条 除本办法第九条规定的主动公开的信息外,公民、法人或者其他组织还可以根据自身的特殊需要,向自然科学基金委申请获取相关信息。

第十一条　自然科学基金委应当建立健全信息发布保密审查机制，明确审查的程序和职责。

公开信息前依照《中华人民共和国保守国家秘密法》及其他法律、法规和国家有关规定对拟公开的信息进行保密审查。

对信息不能确定是否公开时，报国务院保密工作部门进行审查。

公开信息不得涉及国家秘密、科技秘密、商业秘密和个人隐私，但是经权利人同意公开或者自然科学基金委认为不公开可能对公共利益造成重大影响的除外。

第十二条　属于主动公开的信息，自然科学基金委应当通过公报、政府网站、新闻发布会或者报刊、广播、电视等便于公众知晓的方式公开。

第十三条　自然科学基金委根据需要设立公共查阅室、资料索取点、信息公告栏公开信息，并及时向国家档案馆、公共图书馆提供主动公开的信息。

第十四条　属于主动公开范围的信息，自然科学基金委应当自该信息形成或者变更之日起20个工作日内予以公开。法律、法规对信息公开的期限另有规定的，从其规定。

第十五条　自然科学基金委应当编制、公布信息公开指南和信息公开目录，并及时更新。

信息公开指南，应当包括信息的分类、编排体系、获取方式，信息公开办公室、办公地址、办公时间、联系电话、传真号码、电子邮箱等内容。

信息公开目录，应当包括信息的索引、名称、内容概述、生成日期等内容。

第十六条 公民、法人或者其他组织依照本办法第十条规定申请获取信息的，应当采用书面形式（包括数据电文形式）；采用书面形式确有困难的，申请人可以口头提出，由自然科学基金委代为填写信息公开申请。

信息公开申请应当包括下列内容：

（一）申请人的姓名或者名称、联系方式；

（二）申请公开的信息的内容描述；

（三）申请公开的信息的形式要求。

第十七条 自然科学基金委对申请公开的信息，根据下列情况分别作出答复：

（一）属于公开范围的，应当告知申请人获取该信息的方式和途径；

（二）属于不予公开范围的或者该信息不存在的，应当告知申请人并说明理由；

（三）申请内容不明确的，应当告知申请人作出更改、补充。

（四）申请公开的信息中含有不应当公开的内容，但是能够作区分处理的，应当向申请人提供可以公开的信息内容。

第十八条 自然科学基金委认为申请公开的信息涉及商业秘密、科技秘密、个人隐私，公开后可能损害第三方合法权益的，应当书面征求第三方的意见；第三方不同意公开的，不得公开。但是，自然科学基金委认为不公开可能对公共利益造成重大影响的，应当予以公开，并将决定公开的信息内容和理由书面通知第三方。

第十九条 自然科学基金委收到信息公开申请，能够当场答复的，应当场予以答复。不能当场答复的，应当自收到申请之日起

15个工作日内予以答复；如需延长答复期限的，应当经自然科学基金委负责人同意并告之申请人，延长答复的期限最长不得超过15个工作日。

第二十条　公民、法人或者其他组织有证据证明自然科学基金委提供的信息与其自身相关的信息记录不准确的，有权要求予以更正。自然科学基金委无权更正的，应当转送有权更正的行政机关处理，并告知申请人。

第二十一条　自然科学基金委依申请公开信息应当按照申请人要求的形式予以提供；无法按照申请人要求的形式提供的，可以通过安排申请人查阅相关资料、提供复制件或者其他适当形式提供，不对信息进行加工、统计、研究、分析或者其它处理。

第二十二条　自然科学基金委依申请提供信息，除可以收取检索、复制、邮寄等成本费用外，不得收取其他费用，不得通过其他组织、个人以有偿服务方式提供信息。收取检索、复制、邮寄等成本费用的标准按照国务院有关部门制定的标准执行。

第二十三条　申请公开信息的公民确有经济困难的，经本人申请、自然科学基金委审核同意，可以减免相关费用。

申请公开信息的公民存在阅读困难或者视听障碍的，自然科学基金委应当为其提供必要的帮助。

第二十四条　自然科学基金委应当建立健全信息公开工作考核制度、社会评议制度和责任追究制度，定期对信息公开工作进行考核、评议。

第二十五条　自然科学基金委在每年3月31日前公布信息公开工作年度报告。

信息公开工作年度报告应当包括下列内容：

（一）主动公开信息的情况；

（二）依申请公开信息和不予公开信息的情况；

（三）信息公开的收费及减免情况；

（四）因信息公开申请行政复议、提起行政诉讼的情况；

（五）信息公开工作存在的主要问题及改进情况；

（六）其他需要报告的事项。

第二十六条 自然科学基金委工作人员在履行信息公开职责过程中，有下列情形之一的，责令改正；情节严重的，依法给予处分；构成犯罪的，依法追究刑事责任：

（一）不依法履行信息公开义务的；

（二）不及时更新公开的信息内容、信息公开指南和信息公开目录的；

（三）违反规定收取费用的；

（四）通过其他组织、个人以有偿服务方式提供信息的；

（五）公开不应当公开的信息的；

（六）违反本办法规定的其他行为。

第二十七条 本办法自发布之日起施行。

国家自然科学基金项目评审回避与保密管理办法

2015年5月12日国家自然科学基金委员会委务会议通过

第一章　总　　则

第一条　为了规范和加强国家自然科学基金(以下简称科学基金)项目评审回避与保密管理工作,维护科学基金项目评审的公开、公平和公正,根据《国家自然科学基金条例》,制定本办法。

第二条　各类科学基金项目评审过程中国家自然科学基金委员会(以下简称自然科学基金委)工作人员、评审专家的回避与保密管理适用本办法。

自然科学基金委工作人员是指在职权范围内直接参与评审工作的委内人员,包括在编人员、兼职人员、流动编制人员和兼聘人员。

第三条　科学基金项目评审回避与保密管理工作应当坚持公正、规范、合理原则。

第四条　自然科学基金委在科学基金项目评审回避与保密管理中履行下列职责:

(一)确定回避与保密范围;

(二)受理和决定回避申请;

(三)监督回避与保密工作实施情况;

(四)处理回避与保密管理中的违规行为;

（五）其他和回避与保密管理相关的工作。

第二章　回　　避

第五条　科学基金项目评审过程中，自然科学基金委工作人员、评审专家有下列情形之一的，应当申请回避。

（一）是申请人或者参与者近亲属的；

（二）自己同期申请的基金资助项目与申请人申请的基金资助项目相同或者相近的；

（三）与申请人、参与者属于同一法人单位的；

（四）与申请人或者参与者有其他关系可能影响公正评审的。

前款中“其他关系可能影响公正评审”的规定，由自然科学基金委另行制定工作人员与评审专家行为规范予以细化。

第六条　本办法第五条第（一）项中的“近亲属”包括配偶、父母、子女、兄弟姐妹、祖父母、外祖父母、孙子女、外孙子女和其他具有抚养、赡养关系的拟制血亲关系亲属。

第七条　通讯评审专家应当自收到评审材料10日内提出回避申请。会议评审专家应当在会议评审程序开始前提出回避申请。

自然科学基金委工作人员在申请材料初步审查结束时，应当主动报告需要回避事项并提出回避申请。

第八条　自然科学基金委应当在收到工作人员、评审专家回避申请后及时决定是否予以回避，同时告知回避申请人并说明理由。

因为特殊原因，自然科学基金委决定属于第五条规定情形的工作人员、评审专家不予回避的，自然科学基金委应当对相关项目的评审情况进行严格监督，确保评审的公正性。

第九条　自然科学基金委对于存在本办法第五条规定情形的工作人员、评审专家，可以不经其申请，直接作出回避决定。

第十条　项目申请人可以向自然科学基金委提出3名以内不适宜评审其申请的通讯评审专家名单，自然科学基金委在选择通讯评审专家时，应当根据实际情况予以考虑。

第三章　保　　密

第十一条　自然科学基金委工作人员、评审专家应当对其依职权知晓的项目评审信息进行保密，不得利用职务便利，非法获取或披露其他项目评审信息。

第十二条　自然科学基金委应当对项目评审中的保密内容及相关人员权限作出具体规定；保密内容应当包括申请项目的相关信息、评审专家名单及基本情况、评审意见、评审结果等与评审相关的保密信息以及自然科学基金委认为的其他保密事项。

第十三条　自然科学基金委应当在评审专家履行评审职责前，将需要保密的信息、保密期限、保密义务、保密责任等内容告知评审专家。

评审专家应当承诺履行保密义务，无法履行保密义务的，应当告知自然科学基金委，视为放弃评审。

第十四条　自然科学基金委工作人员、通讯评审专家在评审过程中有下列行为之一的，视为披露未公开的与评审有关的信息：

（一）故意将与评审有关的信息让申请人、其他人知晓的；

（二）未采取必要保密措施，致使申请人、其他人知晓与评审有关的信息的；

（三）自然科学基金委认定的其他非法披露行为。

第十五条 自然科学基金委工作人员、会议评审专家有下列情形之一的，视为披露未公开的与评审有关的信息：

（一）未按规定时间和范围披露通讯评审意见的；

（二）披露通讯评审专家名单等情况的；

（三）披露会议专家讨论意见等评审过程的；

（四）在资助决定做出前披露会议评审结果的；

（五）自然科学基金委认定的其他非法披露行为。

第十六条 评审专家在评审过程中发现与评审有关的信息泄露的，应当及时告知自然科学基金委。

由于自然科学基金委工作人员、评审专家原因导致评审信息泄露的，自然科学基金委应当及时采取相应措施，确保评审程序公正进行。

第十七条 自然科学基金委应当通过对其工作人员开展培训或者教育，确保工作人员充分知晓保密义务，切实履行保密职责。

第十八条 自然科学基金委应当在信息系统建设等方面完善评审信息保密的措施，为科学基金项目评审提供保密安全保障。

第四章 监　　督

第十九条 自然科学基金委应当将评审专家执行评审回避与保密规定的情况记入评审专家信誉档案。

第二十条 科学基金项目申请人、参与者以及其他知情人认为自然科学基金委工作人员、评审专家有违反本办法有关回避和保密规定行为的,可以向自然科学基金委举报。

自然科学基金委应当公布联系电话、通讯地址和电子邮件地址,并将有关处理意见及时反馈举报人。

第二十一条　自然科学基金委应当对通讯评审和会议评审期间,评审专家遵守回避与保密办法情况进行抽查。

第二十二条　自然科学基金委对工作人员报告回避事项情况建立专门档案管理并定期抽查,作为工作人员考核的重要依据。

第五章　法 律 责 任

第二十三条　评审专家有下列未按照本办法规定申请回避的行为之一的,自然科学基金委应当予以警告,责令限期改正;情节严重的,通报批评,不再聘请其为评审专家。

(一)明知自己符合法定回避情形不申请回避的;

(二)明知自己符合法定回避情形而逾期申请或者怠于申请的;

(三)其他违反本办法的行为。

第二十四条　评审专家有下列未按照本办法规定披露未公开的与评审有关信息的行为之一的,自然科学基金委应当予以警告,责令限期改正;情节严重的,通报批评,不再聘请其为评审专家。

(一)故意披露本办法规定不得披露的信息的;

(二)披露评审信息的时间不符合自然科学基金委规定的;

(三)其他违反本办法的行为。

第二十五条　自然科学基金委工作人员未依照本办法规定申

请回避、披露未公开的与评审有关信息的，自然科学基金委应当视情节予以批评教育或者给予相应的处分。

第二十六条 自然科学基金委工作人员、评审专家存在违反评审回避与保密规定的情形，构成犯罪的，依法追究刑事责任。

第六章 附 则

第二十七条 自然基金委工作人员回避及保密内部审批权限和工作流程另行制定。

第二十八条 科学基金项目管理中，中期检查等其他进行评审工作的评审专家回避与保密要求参照本办法执行。

第二十九条 本办法自2015年7月1日实施。

国家自然科学基金项目复审管理办法

2015年5月12日国家自然科学基金委员会委务会议通过

第一条　为了规范和加强国家自然科学基金(以下简称科学基金)项目复审工作,充分保护申请人的权益,保证科学基金评审的公正性,根据《国家自然科学基金条例》及有关法律法规,制定本办法。

第二条　科学基金项目复审的申请、受理、审查以及决定等事项,适用本办法。

第三条　国家自然科学基金委员会(以下简称自然科学基金委)应当履行复审职责,遵循合法、公正、公开、及时的原则。

第四条　自然科学基金委在复审活动中履行下列职责:

(一)受理复审申请;

(二)审查复审申请;

(三)做出复审决定;

(四)其他与复审工作有关的事项。

第五条　申请人对自然科学基金委作出的不予受理或者不予资助的决定不服的,可以自收到通知之日起15日内,向自然科学基金委提出复审申请。

申请人应当通过电子方式和纸质方式一并提出复审申请,确保电子申请和纸质申请的一致性。纸质复审申请可以通过当面递交或者邮寄等方式提交。

第六条 对自然科学基金委在科学基金项目资助管理过程产生的其他行政行为不服的，依照《中华人民共和国行政复议法》等有关法律、行政法规的规定执行，不适用本办法。

第七条 申请人应当在复审申请中载明下列事项：

（一）申请人的基本情况；

（二）复审请求、申请复审的主要事实和理由；

（三）申请人的签名；

（四）申请复审的日期。

第八条 具有以下情形之一的，复审申请不予受理：

（一）非项目申请人提出复审申请的；

（二）提交复审申请的时间超过规定截止日期的；

（三）复审申请内容或者手续不全的；

（四）对评审专家的评审意见等学术判断有不同意见的。

对不予受理的复审申请，自然科学基金委应当告知申请人不予受理决定及不予受理的原因。

第九条 复审采取书面审查的方式，必要时可以向有关组织和人员调查情况，听取申请人、第三人和其他相关人员的意见。

第十条 自然科学基金委审查复审申请，应当有 2 名以上复审人员参加。

第十一条 申请人在复审决定作出前要求撤回复审申请的，经自然科学基金委同意，可以撤回。

申请人撤回复审申请的，不得再以同一事实和理由提出复审申请。但是，申请人能够证明撤回复审申请违背其真实意思表示的除外。

第十二条 自然科学基金委自收到复审申请之日起 60 日内

完成审查。认为原决定符合本办法规定的,予以维持,并书面通知申请人;认为原决定不符合本办法规定的,撤销原决定,重新对申请人的基金资助项目申请组织评审专家进行评审、作出决定,并书面通知申请人和依托单位。

第十三条 自然科学基金委应当通过宣传栏、公告栏、门户网站等方便查阅的形式,公布复审的范围、条件、复审统计结果、复审审理程序和决定执行程序等事项。

第十四条 自然科学基金委审理复审申请不得向申请人收取任何费用。

第十五条 自然科学基金委复审工作人员在复审活动中,徇私舞弊或者有其他渎职、失职行为的,依法给予相应的行政处分。

第十六条 自然科学基金委开展复审工作的内部组织分工以及工作程序由自然科学基金委另行制定。

第十七条 复审期间的计算和复审决定的送达,依照民事诉讼法关于期间、送达的规定执行。

第十八条 本办法自 2015 年 7 月 1 日起施行。

国家自然科学基金资助项目研究成果管理办法

2015 年 9 月 8 日国家自然科学基金委员会委务会议通过

第一条 为了规范和加强国家自然科学基金资助项目研究成果(以下简称项目成果)管理,反映科学基金资助成效,推动项目成果的共享与传播、促进项目成果的转化和使用,依据《国家自然科学基金条例》及相关法律法规,制定本办法。

第二条 本办法所称项目成果,包括国家自然科学基金资助项目经过科学研究取得的论文、专著、软件、标准、重要报告、专利、数据库、标本库及科研仪器设备等有价值的科学技术产出。

第三条 项目成果的报告、标注、共享、使用、监督和保障活动等适用本办法。

第四条 项目成果管理应当坚持依法管理、推动转化、促进共享、维护产权的基本原则。

第五条 国家自然科学基金委员会(以下简称自然科学基金委)在项目成果管理中履行下列职责:

(一)组织项目成果的收集、统计、分析和发布;

(二)促进项目成果的共享、传播、使用和转化;

(三)指导并监督依托单位项目成果管理;

(四)其他项目成果管理职责。

第六条 依托单位应当建立项目成果档案制度,积极做好项目成果提交和报告工作,采取措施促进成果的使用、转化、共享和传播，提升项目成果的社会影响与经济效益。

第七条　项目负责人应当通过依托单位向自然科学基金委提交结题报告；取得研究成果的，应当撰写并提交项目成果报告。项目负责人应当对项目结题报告和成果报告的真实性负责。

第八条　项目负责人不得将下列研究成果作为项目成果列入项目研究成果报告中：

（一）非本人或者参与者所取得的；

（二）与受资助项目无关的。

第九条　项目负责人应当做好项目成果原始记录的采集和保存工作，并按照要求提交依托单位，确保项目成果报告中科学数据的系统性、完整性和准确性。

依托单位应当审核项目负责人所提交项目成果报告的真实性，并建立项目成果档案。

第十条　依托单位应当每年撰写本单位受资助项目成果报告，作为年度管理报告一部分提交自然科学基金委。

项目成果报告包括：

（一）项目取得成果的总体情况；

（二）具有突出贡献的项目成果实例；

（三）项目成果取得知识产权情况；

（四）项目成果转化及使用等情况。

第十一条　发表的项目成果，项目负责人和参与者均应如实注明得到国家自然科学基金项目资助和项目批准号。

依托单位应当督促本单位项目负责人及参与者发表的项目成果进行标注。

对于受多个资助机构资助产生的项目成果，科学基金为主要资助渠道或者发挥主要资助作用的,应当将自然科学基金作为第一顺序的标注。

第十二条 国家自然科学基金项目所形成的成果权利归属按照我国有关法律法规规定执行;法律法规未规定的,由依托单位和项目负责人进行约定。

第十三条 自然科学基金委应当建立项目成果共享服务平台,实现国家科技资源持续积累、完整保存和开放获取。

依托单位应当采用有偿或者无偿方式对于数据库、标本库及科研仪器设备等有价值的项目成果实现共享;其形成的固定资产按照国家有关法律法规执行。

第十四条 自然科学基金委应当建立资助项目论文开放获取机构知识库,促进资助项目论文开放获取和项目成果的传播、推广。

以论文形式发表成果的,论文作者应当按自然科学基金委要求及时将论文提交开放获取机构知识库。

第十五条 项目成果中具备申请专利等有关知识产权条件的,依托单位或者项目负责人应当按照国家有关法律规定及时申请相关知识产权。

第十六条 依托单位对于取得的项目成果知识产权应当依法实施,同时采取保护措施。

对于按照有关法律规定的国家无偿实施或者许可他人有偿实施、无偿实施的,依托单位以及项目负责人和参与者应当积极配合。

第十七条 将项目成果形成的知识产权向境外的组织或者个人转让或者许可境外的组织或者个人独占实施的,依托单位或者项目负责人应当按照有关国家法律法规规定及时申请报批。

第十八条 自然科学基金委应当对项目成果进行分类统计。对于突出的和重要的资助项目成果,自然科学基金委可以通过有关刊物、报纸或者网站等媒介进行宣传和报道。

取得重大成果的,项目负责人应当及时向自然科学基金委报送。

第十九条 自然科学基金委建立依托单位项目成果管理评估制度,定期对依托单位开展成果管理等活动情况进行抽查,并将抽查结果纳入依托单位信用记录,鼓励和支持依托单位做好项目成果的管理工作。

第二十条 任何单位或者个人都可以对项目成果管理中违反本办法的行为进行举报和监督。

第二十一条 依托单位、项目负责人以及参与者违反本办法规定的,自然科学基金委应当予以警告或者按照国家有关法律法规的规定进行处理。

第二十二条 成果管理中涉及国家秘密的,按照国家有关法律法规规定执行。

第二十三条 本办法自 2015 年 11 月 1 日起施行。1997 年 1 月 1 日颁布的《国家自然科学基金资助项目研究成果管理暂行规定》同时废止。

第二部分

科学基金管理相关法律法规及重要规范性文件

中华人民共和国科学技术进步法

1. 1993 年 7 月 2 日第八届全国人民代表大会常务委员会第二次会议通过
2. 2007 年 12 月 29 日第十届全国人民代表大会常务委员会第三十一次会议修订

第一章　总　　则

第一条　为了促进科学技术进步，发挥科学技术第一生产力的作用，促进科学技术成果向现实生产力转化，推动科学技术为经济建设和社会发展服务，根据宪法，制定本法。

第二条　国家坚持科学发展观，实施科教兴国战略，实行自主创新、重点跨越、支撑发展、引领未来的科学技术工作指导方针，构建国家创新体系，建设创新型国家。

第三条　国家保障科学技术研究开发的自由，鼓励科学探索和技术创新，保护科学技术人员的合法权益。

全社会都应当尊重劳动、尊重知识、尊重人才、尊重创造。

学校及其他教育机构应当坚持理论联系实际，注重培养受教育者的独立思考能力、实践能力、创新能力，以及追求真理、崇尚创新、实事求是的科学精神。

第四条　经济建设和社会发展应当依靠科学技术，科学技术进步工作应当为经济建设和社会发展服务。

国家鼓励科学技术研究开发，推动应用科学技术改造传统产业、发展高新技术产业和社会事业。

第五条 国家发展科学技术普及事业，普及科学技术知识，提高全体公民的科学文化素质。

国家鼓励机关、企业事业组织、社会团体和公民参与和支持科学技术进步活动。

第六条 国家鼓励科学技术研究开发与高等教育、产业发展相结合，鼓励自然科学与人文社会科学交叉融合和相互促进。

国家加强跨地区、跨行业和跨领域的科学技术合作，扶持民族地区、边远地区、贫困地区的科学技术进步。

国家加强军用与民用科学技术计划的衔接与协调，促进军用与民用科学技术资源、技术开发需求的互通交流和技术双向转移，发展军民两用技术。

第七条 国家制定和实施知识产权战略，建立和完善知识产权制度，营造尊重知识产权的社会环境，依法保护知识产权，激励自主创新。

企业事业组织和科学技术人员应当增强知识产权意识，增强自主创新能力，提高运用、保护和管理知识产权的能力。

第八条 国家建立和完善有利于自主创新的科学技术评价制度。

科学技术评价制度应当根据不同科学技术活动的特点，按照公平、公正、公开的原则，实行分类评价。

第九条 国家加大财政性资金投入，并制定产业、税收、金融、政府采购等政策，鼓励、引导社会资金投入，推动全社会科学技术研究开发经费持续稳定增长。

第十条　国务院领导全国科学技术进步工作，制定科学技术发展规划，确定国家科学技术重大项目、与科学技术密切相关的重大项目，保障科学技术进步与经济建设和社会发展相协调。

地方各级人民政府应当采取有效措施，推进科学技术进步。

第十一条　国务院科学技术行政部门负责全国科学技术进步工作的宏观管理和统筹协调；国务院其他有关部门在各自的职责范围内，负责有关的科学技术进步工作。

县级以上地方人民政府科学技术行政部门负责本行政区域的科学技术进步工作；县级以上地方人民政府其他有关部门在各自的职责范围内，负责有关的科学技术进步工作。

第十二条　国家建立科学技术进步工作协调机制，研究科学技术进步工作中的重大问题，协调国家科学技术基金和国家科学技术计划项目的设立及相互衔接，协调军用与民用科学技术资源配置、科学技术研究开发机构的整合以及科学技术研究开发与高等教育、产业发展相结合等重大事项。

第十三条　国家完善科学技术决策的规则和程序，建立规范的咨询和决策机制，推进决策的科学化、民主化。

制定科学技术发展规划和重大政策，确定科学技术的重大项目、与科学技术密切相关的重大项目，应当充分听取科学技术人员的意见，实行科学决策。

第十四条　中华人民共和国政府发展同外国政府、国际组织之间的科学技术合作与交流，鼓励科学技术研究开发机构、高等学校、科学技术人员、科学技术社会团体和企业事业组织依法开展国际科学技术合作与交流。

第十五条　国家建立科学技术奖励制度，对在科学技术进步活动中做出重要贡献的组织和个人给予奖励。具体办法由国务院规定。

国家鼓励国内外的组织或者个人设立科学技术奖项，对科学技术进步给予奖励。

第二章　科学研究、技术开发与科学技术应用

第十六条　国家设立自然科学基金，资助基础研究和科学前沿探索，培养科学技术人才。

国家设立科技型中小企业创新基金，资助中小企业开展技术创新。

国家在必要时可以设立其他基金，资助科学技术进步活动。

第十七条　从事下列活动的，按照国家有关规定享受税收优惠：

（一）从事技术开发、技术转让、技术咨询、技术服务；

（二）进口国内不能生产或者性能不能满足需要的科学研究或者技术开发用品；

（三）为实施国家重大科学技术专项、国家科学技术计划重大项目，进口国内不能生产的关键设备、原材料或者零部件；

（四）法律、国家有关规定规定的其他科学研究、技术开发与科学技术应用活动。

第十八条　国家鼓励金融机构开展知识产权质押业务，鼓励和引导金融机构在信贷等方面支持科学技术应用和高新技术产业发展，鼓励保险机构根据高新技术产业发展的需要开发保险品种。

政策性金融机构应当在其业务范围内，为科学技术应用和高

新技术产业发展优先提供金融服务。

第十九条　国家遵循科学技术活动服务国家目标与鼓励自由探索相结合的原则，超前部署和发展基础研究、前沿技术研究和社会公益性技术研究，支持基础研究、前沿技术研究和社会公益性技术研究持续、稳定发展。

科学技术研究开发机构、高等学校、企业事业组织和公民有权依法自主选择课题，从事基础研究、前沿技术研究和社会公益性技术研究。

第二十条　利用财政性资金设立的科学技术基金项目或者科学技术计划项目所形成的发明专利权、计算机软件著作权、集成电路布图设计专有权和植物新品种权，除涉及国家安全、国家利益和重大社会公共利益的外，授权项目承担者依法取得。

项目承担者应当依法实施前款规定的知识产权，同时采取保护措施，并就实施和保护情况向项目管理机构提交年度报告；在合理期限内没有实施的，国家可以无偿实施，也可以许可他人有偿实施或者无偿实施。

项目承担者依法取得的本条第一款规定的知识产权，国家为了国家安全、国家利益和重大社会公共利益的需要，可以无偿实施，也可以许可他人有偿实施或者无偿实施。

项目承担者因实施本条第一款规定的知识产权所产生的利益分配，依照有关法律、行政法规的规定执行；法律、行政法规没有规定的，按照约定执行。

第二十一条　国家鼓励利用财政性资金设立的科学技术基金项目或者科学技术计划项目所形成的知识产权首先在境内使用。

前款规定的知识产权向境外的组织或者个人转让或者许可境

外的组织或者个人独占实施的，应当经项目管理机构批准；法律、行政法规对批准机构另有规定的，依照其规定。

第二十二条 国家鼓励根据国家的产业政策和技术政策引进国外先进技术、装备。

利用财政性资金和国有资本引进重大技术、装备的，应当进行技术消化、吸收和再创新。

第二十三条 国家鼓励和支持农业科学技术的基础研究和应用研究，传播和普及农业科学技术知识，加快农业科学技术成果转化和产业化，促进农业科学技术进步。

县级以上人民政府应当采取措施，支持公益性农业科学技术研究开发机构和农业技术推广机构进行农业新品种、新技术的研究开发和应用。

地方各级人民政府应当鼓励和引导农村群众性科学技术组织为种植业、林业、畜牧业、渔业等的发展提供科学技术服务，对农民进行科学技术培训。

第二十四条 国务院可以根据需要批准建立国家高新技术产业开发区，并对国家高新技术产业开发区的建设、发展给予引导和扶持，使其形成特色和优势，发挥集聚效应。

第二十五条 对境内公民、法人或者其他组织自主创新的产品、服务或者国家需要重点扶持的产品、服务，在性能、技术等指标能够满足政府采购需求的条件下，政府采购应当购买；首次投放市场的，政府采购应当率先购买。

政府采购的产品尚待研究开发的，采购人应当运用招标方式确定科学技术研究开发机构、高等学校或者企业进行研究开发，并予以订购。

第二十六条 国家推动科学技术研究开发与产品、服务标准制定相结合,科学技术研究开发与产品设计、制造相结合;引导科学技术研究开发机构、高等学校、企业共同推进国家重大技术创新产品、服务标准的研究、制定和依法采用。

第二十七条 国家培育和发展技术市场,鼓励创办从事技术评估、技术经纪等活动的中介服务机构,引导建立社会化、专业化和网络化的技术交易服务体系,推动科学技术成果的推广和应用。

技术交易活动应当遵循自愿、平等、互利有偿和诚实信用的原则。

第二十八条 国家实行科学技术保密制度,保护涉及国家安全和利益的科学技术秘密。

国家实行珍贵、稀有、濒危的生物种质资源、遗传资源等科学技术资源出境管理制度。

第二十九条 国家禁止危害国家安全、损害社会公共利益、危害人体健康、违反伦理道德的科学技术研究开发活动。

第三章 企业技术进步

第三十条 国家建立以企业为主体,以市场为导向,企业同科学技术研究开发机构、高等学校相结合的技术创新体系,引导和扶持企业技术创新活动,发挥企业在技术创新中的主体作用。

第三十一条 县级以上人民政府及其有关部门制定的与产业发展相关的科学技术计划,应当体现产业发展的需求。

县级以上人民政府及其有关部门确定科学技术计划项目,应当鼓励企业参与实施和平等竞争;对具有明确市场应用前景的项目,应当鼓励企业联合科学技术研究开发机构、高等学校共同实施。

第三十二条 国家鼓励企业开展下列活动:

(一)设立内部科学技术研究开发机构;

(二)同其他企业或者科学技术研究开发机构、高等学校联合建立科学技术研究开发机构,或者以委托等方式开展科学技术研究开发;

(三)培养、吸引和使用科学技术人员;

(四)同科学技术研究开发机构、高等学校、职业院校或者培训机构联合培养专业技术人才和高技能人才,吸引高等学校毕业生到企业工作;

(五)依法设立博士后工作站;

(六)结合技术创新和职工技能培训,开展科学技术普及活动,设立向公众开放的普及科学技术的场馆或者设施。

第三十三条 国家鼓励企业增加研究开发和技术创新的投入,自主确立研究开发课题,开展技术创新活动。

国家鼓励企业对引进技术进行消化、吸收和再创新。

企业开发新技术、新产品、新工艺发生的研究开发费用可以按照国家有关规定,税前列支并加计扣除,企业科学技术研究开发仪器、设备可以加速折旧。

第三十四条 国家利用财政性资金设立基金,为企业自主创新与成果产业化贷款提供贴息、担保。

政策性金融机构应当在其业务范围内对国家鼓励的企业自主创新项目给予重点支持。

第三十五条 国家完善资本市场,建立健全促进自主创新的机制，支持符合条件的高新技术企业利用资本市场推动自身发展。

国家鼓励设立创业投资引导基金，引导社会资金流向创业投资企业，对企业的创业发展给予支持。

第三十六条　下列企业按照国家有关规定享受税收优惠：

（一）从事高新技术产品研究开发、生产的企业；

（二）投资于中小型高新技术企业的创业投资企业；

（三）法律、行政法规规定的与科学技术进步有关的其他企业。

第三十七条　国家对公共研究开发平台和科学技术中介服务机构的建设给予支持。

公共研究开发平台和科学技术中介服务机构应当为中小企业的技术创新提供服务。

第三十八条　国家依法保护企业研究开发所取得的知识产权。

企业应当不断提高运用、保护和管理知识产权的能力，增强自主创新能力和市场竞争能力。

第三十九条　国有企业应当建立健全有利于技术创新的分配制度，完善激励约束机制。

国有企业负责人对企业的技术进步负责。对国有企业负责人的业绩考核，应当将企业的创新投入、创新能力建设、创新成效等情况纳入考核的范围。

第四十条　县级以上地方人民政府及其有关部门应当创造公平竞争的市场环境，推动企业技术进步。

国务院有关部门和省、自治区、直辖市人民政府应当通过制定产业、财政、能源、环境保护等政策，引导、促使企业研究开发新技术、新产品、新工艺，进行技术改造和设备更新，淘汰技术落后的设备、工艺,停止生产技术落后的产品。

第四章 科学技术研究开发机构

第四十一条 国家统筹规划科学技术研究开发机构的布局,建立和完善科学技术研究开发体系。

第四十二条 公民、法人或者其他组织有权依法设立科学技术研究开发机构。国外的组织或者个人可以在中国境内依法独立设立科学技术研究开发机构,也可以与中国境内的组织或者个人依法联合设立科学技术研究开发机构。

从事基础研究、前沿技术研究、社会公益性技术研究的科学技术研究开发机构,可以利用财政性资金设立。利用财政性资金设立科学技术研究开发机构,应当优化配置,防止重复设置;对重复设置的科学技术研究开发机构,应当予以整合。

科学技术研究开发机构、高等学校可以依法设立博士后工作站。科学技术研究开发机构可以依法在国外设立分支机构。

第四十三条 科学技术研究开发机构享有下列权利:

(一)依法组织或者参加学术活动;

(二)按照国家有关规定,自主确定科学技术研究开发方向和项目,自主决定经费使用、机构设置和人员聘用及合理流动等内部管理事务;

(三)与其他科学技术研究开发机构、高等学校和企业联合开展科学技术研究开发;

(四)获得社会捐赠和资助;

(五)法律、行政法规规定的其他权利。

第四十四条　科学技术研究开发机构应当按照章程的规定开展科学技术研究开发活动；不得在科学技术活动中弄虚作假，不得参加、支持迷信活动。

利用财政性资金设立的科学技术研究开发机构开展科学技术研究开发活动，应当为国家目标和社会公共利益服务；有条件的，应当向公众开放普及科学技术的场馆或者设施，开展科学技术普及活动。

第四十五条　利用财政性资金设立的科学技术研究开发机构应当建立职责明确、评价科学、开放有序、管理规范的现代院所制度，实行院长或者所长负责制，建立科学技术委员会咨询制和职工代表大会监督制等制度，并吸收外部专家参与管理、接受社会监督；院长或者所长的聘用引入竞争机制。

第四十六条　利用财政性资金设立的科学技术研究开发机构，应当建立有利于科学技术资源共享的机制，促进科学技术资源的有效利用。

第四十七条　国家鼓励社会力量自行创办科学技术研究开发机构，保障其合法权益不受侵犯。

社会力量设立的科学技术研究开发机构有权按照国家有关规定，参与实施和平等竞争利用财政性资金设立的科学技术基金项目、科学技术计划项目。

社会力量设立的非营利性科学技术研究开发机构按照国家有关规定享受税收优惠。

第五章　科学技术人员

第四十八条　科学技术人员是社会主义现代化建设事业的重

要力量。国家采取各种措施，提高科学技术人员的社会地位，通过各种途径，培养和造就各种专门的科学技术人才，创造有利的环境和条件，充分发挥科学技术人员的作用。

第四十九条 各级人民政府和企业事业组织应当采取措施，提高科学技术人员的工资和福利待遇；对有突出贡献的科学技术人员给予优厚待遇。

第五十条 各级人民政府和企业事业组织应当保障科学技术人员接受继续教育的权利，并为科学技术人员的合理流动创造环境和条件，发挥其专长。

第五十一条 科学技术人员可以根据其学术水平和业务能力依法选择工作单位、竞聘相应的岗位，取得相应的职务或者职称。

第五十二条 科学技术人员在艰苦、边远地区或者恶劣、危险环境中工作，所在单位应当按照国家规定给予补贴，提供其岗位或者工作场所应有的职业健康卫生保护。

第五十三条 青年科学技术人员、少数民族科学技术人员、女性科学技术人员等在竞聘专业技术职务、参与科学技术评价、承担科学技术研究开发项目、接受继续教育等方面享有平等权利。

发现、培养和使用青年科学技术人员的情况，应当作为评价科学技术进步工作的重要内容。

第五十四条 国家鼓励在国外工作的科学技术人员回国从事科学技术研究开发工作。利用财政性资金设立的科学技术研究开发机构、高等学校聘用在国外工作的杰出科学技术人员回国从事科学技术研究开发工作的，应当为其工作和生活提供方便。

外国的杰出科学技术人员到中国从事科学技术研究开发工作的，按照国家有关规定，可以依法优先获得在华永久居留权。

第五十五条　科学技术人员应当弘扬科学精神，遵守学术规范，恪守职业道德，诚实守信；不得在科学技术活动中弄虚作假，不得参加、支持迷信活动。

第五十六条　国家鼓励科学技术人员自由探索、勇于承担风险。原始记录能够证明承担探索性强、风险高的科学技术研究开发项目的科学技术人员已经履行了勤勉尽责义务仍不能完成该项目的，给予宽容。

第五十七条　利用财政性资金设立的科学技术基金项目、科学技术计划项目的管理机构，应当为参与项目的科学技术人员建立学术诚信档案，作为对科学技术人员聘任专业技术职务或者职称、审批科学技术人员申请科学技术研究开发项目等的依据。

第五十八条　科学技术人员有依法创办或者参加科学技术社会团体的权利。

科学技术协会和其他科学技术社会团体按照章程在促进学术交流、推进学科建设、发展科学技术普及事业、培养专门人才、开展咨询服务、加强科学技术人员自律和维护科学技术人员合法权益等方面发挥作用。

科学技术协会和其他科学技术社会团体的合法权益受法律保护。

第六章　保障措施

第五十九条　国家逐步提高科学技术经费投入的总体水平；国家财政用于科学技术经费的增长幅度，应当高于国家财政经常性收入的增长幅度。全社会科学技术研究开发经费应当占国内生产总值适当的比例，并逐步提高。

第六十条 财政性科学技术资金应当主要用于下列事项的投入：

（一）科学技术基础条件与设施建设；

（二）基础研究；

（三）对经济建设和社会发展具有战略性、基础性、前瞻性作用的前沿技术研究、社会公益性技术研究和重大共性关键技术研究；

（四）重大共性关键技术应用和高新技术产业化示范；

（五）农业新品种、新技术的研究开发和农业科学技术成果的应用、推广；

（六）科学技术普及。

对利用财政性资金设立的科学技术研究开发机构，国家在经费、实验手段等方面给予支持。

第六十一条 审计机关、财政部门应当依法对财政性科学技术资金的管理和使用情况进行监督检查。

任何组织或者个人不得虚报、冒领、贪污、挪用、截留财政性科学技术资金。

第六十二条 确定利用财政性资金设立的科学技术基金项目，应当坚持宏观引导、自主申请、平等竞争、同行评审、择优支持的原则；确定利用财政性资金设立的科学技术计划项目的项目承担者，应当按照国家有关规定择优确定。

利用财政性资金设立的科学技术基金项目、科学技术计划项目的管理机构，应当建立评审专家库，建立健全科学技术基金项目、科学技术计划项目的专家评审制度和评审专家的遴选、回避、问责制度。

第六十三条　国家遵循统筹规划、优化配置的原则，整合和设置国家科学技术研究实验基地。

国家鼓励设置综合性科学技术实验服务单位，为科学技术研究开发机构、高等学校、企业和科学技术人员提供或者委托他人提供科学技术实验服务。

第六十四条　国家根据科学技术进步的需要，按照统筹规划、突出共享、优化配置、综合集成、政府主导、多方共建的原则，制定购置大型科学仪器、设备的规划，并开展对以财政性资金为主购置的大型科学仪器、设备的联合评议工作。

第六十五条　国务院科学技术行政部门应当会同国务院有关主管部门，建立科学技术研究基地、科学仪器设备和科学技术文献、科学技术数据、科学技术自然资源、科学技术普及资源等科学技术资源的信息系统，及时向社会公布科学技术资源的分布、使用情况。

科学技术资源的管理单位应当向社会公布所管理的科学技术资源的共享使用制度和使用情况，并根据使用制度安排使用；但是，法律、行政法规规定应当保密的，依照其规定。

科学技术资源的管理单位不得侵犯科学技术资源使用者的知识产权，并应当按照国家有关规定确定收费标准。管理单位和使用者之间的其他权利义务关系由双方约定。

第六十六条　国家鼓励国内外的组织或者个人捐赠财产、设立科学技术基金，资助科学技术研究开发和科学技术普及。

第七章　法律责任

第六十七条　违反本法规定，虚报、冒领、贪污、挪用、截留用于科学技术进步的财政性资金，依照有关财政违法行为处罚处分的规定责令改正，追回有关财政性资金和违法所得，依法给予行政处罚；对直接负责的主管人员和其他直接责任人员依法给予处分。

第六十八条 违反本法规定，利用财政性资金和国有资本购置大型科学仪器、设备后，不履行大型科学仪器、设备等科学技术资源共享使用义务的，由有关主管部门责令改正，对直接负责的主管人员和其他直接责任人员依法给予处分。

第六十九条 违反本法规定，滥用职权，限制、压制科学技术研究开发活动的，对直接负责的主管人员和其他直接责任人员依法给予处分。

第七十条 违反本法规定，抄袭、剽窃他人科学技术成果，或者在科学技术活动中弄虚作假的，由科学技术人员所在单位或者单位主管机关责令改正，对直接负责的主管人员和其他直接责任人员依法给予处分；获得用于科学技术进步的财政性资金或者有违法所得的，由有关主管部门追回财政性资金和违法所得；情节严重的，由所在单位或者单位主管机关向社会公布其违法行为，禁止其在一定期限内申请国家科学技术基金项目和国家科学技术计划项目。

第七十一条 违反本法规定，骗取国家科学技术奖励的，由主管部门依法撤销奖励，追回奖金，并依法给予处分。

违反本法规定，推荐的单位或者个人提供虚假数据、材料，协助他人骗取国家科学技术奖励的，由主管部门给予通报批评；情节严重的，暂停或者取消其推荐资格，并依法给予处分。

第七十二条 违反本法规定，科学技术行政等有关部门及其工作人员滥用职权、玩忽职守、徇私舞弊的，对直接负责的主管人员和其他直接责任人员依法给予处分。

第七十三条 违反本法规定,其他法律、法规规定行政处罚的,依照其规定;造成财产损失或者其他损害的,依法承担民事责任;构成犯罪的,依法追究刑事责任。

第八章 附 则

第七十四条 涉及国防科学技术的其他有关事项,由国务院、中央军事委员会规定。

第七十五条 本法自 2008 年 7 月 1 日起施行。

中华人民共和国促进科技成果转化法

1. 1996年5月15日第八届全国人民代表大会常务委员会第十九次会议通过
2. 根据2015年8月29日第十二届全国人民代表大会常务委员会第十六次会议《关于修改〈中华人民共和国促进科技成果转化法〉的决定》修正

第一章　总　　则

第一条　为了促进科技成果转化为现实生产力，规范科技成果转化活动，加速科学技术进步，推动经济建设和社会发展，制定本法。

第二条　本法所称科技成果，是指通过科学研究与技术开发所产生的具有实用价值的成果。职务科技成果，是指执行研究开发机构、高等院校和企业等单位的工作任务，或者主要是利用上述单位的物质技术条件所完成的科技成果。

本法所称科技成果转化，是指为提高生产力水平而对科技成果所进行的后续试验、开发、应用、推广直至形成新技术、新工艺、新材料、新产品，发展新产业等活动。

第三条　科技成果转化活动应当有利于加快实施创新驱动发展战略，促进科技与经济的结合，有利于提高经济效益、社会效益和保护环境、合理利用资源，有利于促进经济建设、社会发展和维护国家安全。

科技成果转化活动应当尊重市场规律，发挥企业的主体作用，遵循自愿、互利、公平、诚实信用的原则，依照法律法规规定和合同约定，享有权益，承担风险。科技成果转化活动中的知识产权受法律保护。

科技成果转化活动应当遵守法律法规，维护国家利益，不得损害社会公共利益和他人合法权益。

第四条　国家对科技成果转化合理安排财政资金投入，引导社会资金投入，推动科技成果转化资金投入的多元化。

第五条　国务院和地方各级人民政府应当加强科技、财政、投资、税收、人才、产业、金融、政府采购、军民融合等政策协同，为科技成果转化创造良好环境。

地方各级人民政府根据本法规定的原则，结合本地实际，可以采取更加有利于促进科技成果转化的措施。

第六条　国家鼓励科技成果首先在中国境内实施。中国单位或者个人向境外的组织、个人转让或者许可其实施科技成果的，应当遵守相关法律、行政法规以及国家有关规定。

第七条　国家为了国家安全、国家利益和重大社会公共利益的需要，可以依法组织实施或者许可他人实施相关科技成果。

第八条　国务院科学技术行政部门、经济综合管理部门和其他有关行政部门依照国务院规定的职责，管理、指导和协调科技成果转化工作。

地方各级人民政府负责管理、指导和协调本行政区域内的科技成果转化工作。

第二章　组织实施

第九条　国务院和地方各级人民政府应当将科技成果的转化纳入国民经济和社会发展计划,并组织协调实施有关科技成果的转化。

第十条　利用财政资金设立应用类科技项目和其他相关科技项目,有关行政部门、管理机构应当改进和完善科研组织管理方式,在制定相关科技规划、计划和编制项目指南时应当听取相关行业、企业的意见;在组织实施应用类科技项目时,应当明确项目承担者的科技成果转化义务,加强知识产权管理,并将科技成果转化和知识产权创造、运用作为立项和验收的重要内容和依据。

第十一条　国家建立、完善科技报告制度和科技成果信息系统,向社会公布科技项目实施情况以及科技成果和相关知识产权信息,提供科技成果信息查询、筛选等公益服务。公布有关信息不得泄露国家秘密和商业秘密。对不予公布的信息,有关部门应当及时告知相关科技项目承担者。

利用财政资金设立的科技项目的承担者应当按照规定及时提交相关科技报告,并将科技成果和相关知识产权信息汇交到科技成果信息系统。

国家鼓励利用非财政资金设立的科技项目的承担者提交相关科技报告,将科技成果和相关知识产权信息汇交到科技成果信息系统,县级以上人民政府负责相关工作的部门应当为其提供方便。

第十二条　对下列科技成果转化项目,国家通过政府采购、研究开发资助、发布产业技术指导目录、示范推广等方式予以支持:

（一）能够显著提高产业技术水平、经济效益或者能够形成促进社会经济健康发展的新产业的；

（二）能够显著提高国家安全能力和公共安全水平的；

（三）能够合理开发和利用资源、节约能源、降低消耗以及防治环境污染、保护生态、提高应对气候变化和防灾减灾能力的；

（四）能够改善民生和提高公共健康水平的；

（五）能够促进现代农业或者农村经济发展的；

（六）能够加快民族地区、边远地区、贫困地区社会经济发展的。

第十三条　国家通过制定政策措施，提倡和鼓励采用先进技术、工艺和装备，不断改进、限制使用或者淘汰落后技术、工艺和装备。

第十四条　国家加强标准制定工作，对新技术、新工艺、新材料、新产品依法及时制定国家标准、行业标准，积极参与国际标准的制定，推动先进适用技术推广和应用。

国家建立有效的军民科技成果相互转化体系，完善国防科技协同创新体制机制。军品科研生产应当依法优先采用先进适用的民用标准，推动军用、民用技术相互转移、转化。

第十五条　各级人民政府组织实施的重点科技成果转化项目，可以由有关部门组织采用公开招标的方式实施转化。有关部门应当对中标单位提供招标时确定的资助或者其他条件。

第十六条　科技成果持有者可以采用下列方式进行科技成果转化：

（一）自行投资实施转化；

（二）向他人转让该科技成果；

（三）许可他人使用该科技成果；

（四）以该科技成果作为合作条件，与他人共同实施转化；

（五）以该科技成果作价投资，折算股份或者出资比例；

（六）其他协商确定的方式。

第十七条 国家鼓励研究开发机构、高等院校采取转让、许可或者作价投资等方式，向企业或者其他组织转移科技成果。

国家设立的研究开发机构、高等院校应当加强对科技成果转化的管理、组织和协调，促进科技成果转化队伍建设，优化科技成果转化流程，通过本单位负责技术转移工作的机构或者委托独立的科技成果转化服务机构开展技术转移。

第十八条 国家设立的研究开发机构、高等院校对其持有的科技成果，可以自主决定转让、许可或者作价投资，但应当通过协议定价、在技术交易市场挂牌交易、拍卖等方式确定价格。通过协议定价的，应当在本单位公示科技成果名称和拟交易价格。

第十九条 国家设立的研究开发机构、高等院校所取得的职务科技成果，完成人和参加人在不变更职务科技成果权属的前提下，可以根据与本单位的协议进行该项科技成果的转化，并享有协议规定的权益。该单位对上述科技成果转化活动应当予以支持。

科技成果完成人或者课题负责人，不得阻碍职务科技成果的转化，不得将职务科技成果及其技术资料和数据占为己有，侵犯单位的合法权益。

第二十条 研究开发机构、高等院校的主管部门以及财政、科学技术等相关行政部门应当建立有利于促进科技成果转化的绩效考核评价体系，将科技成果转化情况作为对相关单位及人员评价、科研资金支持的重要内容和依据之一，并对科技成果转化绩效突出的相关单位及人员加大科研资金支持。

国家设立的研究开发机构、高等院校应当建立符合科技成果转化工作特点的职称评定、岗位管理和考核评价制度,完善收入分配激励约束机制。

第二十一条　国家设立的研究开发机构、高等院校应当向其主管部门提交科技成果转化情况年度报告,说明本单位依法取得的科技成果数量、实施转化情况以及相关收入分配情况,该主管部门应当按照规定将科技成果转化情况年度报告报送财政、科学技术等相关行政部门。

第二十二条　企业为采用新技术、新工艺、新材料和生产新产品,可以自行发布信息或者委托科技中介服务机构征集其所需的科技成果,或者征寻科技成果转化的合作者。

县级以上地方各级人民政府科学技术行政部门和其他有关部门应当根据职责分工,为企业获取所需的科技成果提供帮助和支持。

第二十三条　企业依法有权独立或者与境内外企业、事业单位和其他合作者联合实施科技成果转化。

企业可以通过公平竞争,独立或者与其他单位联合承担政府组织实施的科技研究开发和科技成果转化项目。

第二十四条　对利用财政资金设立的具有市场应用前景、产业目标明确的科技项目,政府有关部门、管理机构应当发挥企业在研究开发方向选择、项目实施和成果应用中的主导作用,鼓励企业、研究开发机构、高等院校及其他组织共同实施。

第二十五条　国家鼓励研究开发机构、高等院校与企业相结合,联合实施科技成果转化。

研究开发机构、高等院校可以参与政府有关部门或者企业实施科技成果转化的招标投标活动。

第二十六条 国家鼓励企业与研究开发机构、高等院校及其他组织采取联合建立研究开发平台、技术转移机构或者技术创新联盟等产学研合作方式,共同开展研究开发、成果应用与推广、标准研究与制定等活动。

合作各方应当签订协议,依法约定合作的组织形式、任务分工、资金投入、知识产权归属、权益分配、风险分担和违约责任等事项。

第二十七条 国家鼓励研究开发机构、高等院校与企业及其他组织开展科技人员交流,根据专业特点、行业领域技术发展需要,聘请企业及其他组织的科技人员兼职从事教学和科研工作,支持本单位的科技人员到企业及其他组织从事科技成果转化活动。

第二十八条 国家支持企业与研究开发机构、高等院校、职业院校及培训机构联合建立学生实习实践培训基地和研究生科研实践工作机构,共同培养专业技术人才和高技能人才。

第二十九条 国家鼓励农业科研机构、农业试验示范单位独立或者与其他单位合作实施农业科技成果转化。

第三十条 国家培育和发展技术市场,鼓励创办科技中介服务机构,为技术交易提供交易场所、信息平台以及信息检索、加工与分析、评估、经纪等服务。

科技中介服务机构提供服务,应当遵循公正、客观的原则,不得提供虚假的信息和证明,对其在服务过程中知悉的国家秘密和当事人的商业秘密负有保密义务。

第三十一条 国家支持根据产业和区域发展需要建设公共研

究开发平台，为科技成果转化提供技术集成、共性技术研究开发、中间试验和工业性试验、科技成果系统化和工程化开发、技术推广与示范等服务。

第三十二条　国家支持科技企业孵化器、大学科技园等科技企业孵化机构发展，为初创期科技型中小企业提供孵化场地、创业辅导、研究开发与管理咨询等服务。

第三章　保障措施

第三十三条　科技成果转化财政经费，主要用于科技成果转化的引导资金、贷款贴息、补助资金和风险投资以及其他促进科技成果转化的资金用途。

第三十四条　国家依照有关税收法律、行政法规规定对科技成果转化活动实行税收优惠。

第三十五条　国家鼓励银行业金融机构在组织形式、管理机制、金融产品和服务等方面进行创新，鼓励开展知识产权质押贷款、股权质押贷款等贷款业务，为科技成果转化提供金融支持。

国家鼓励政策性金融机构采取措施，加大对科技成果转化的金融支持。

第三十六条　国家鼓励保险机构开发符合科技成果转化特点的保险品种，为科技成果转化提供保险服务。

第三十七条　国家完善多层次资本市场，支持企业通过股权交易、依法发行股票和债券等直接融资方式为科技成果转化项目进行融资。

第三十八条　国家鼓励创业投资机构投资科技成果转化项目。

国家设立的创业投资引导基金，应当引导和支持创业投资机构投资初创期科技型中小企业。

第三十九条 国家鼓励设立科技成果转化基金或者风险基金，其资金来源由国家、地方、企业、事业单位以及其他组织或者个人提供，用于支持高投入、高风险、高产出的科技成果的转化，加速重大科技成果的产业化。

科技成果转化基金和风险基金的设立及其资金使用，依照国家有关规定执行。

第四章 技 术 权 益

第四十条 科技成果完成单位与其他单位合作进行科技成果转化的，应当依法由合同约定该科技成果有关权益的归属。合同未作约定的，按照下列原则办理：

（一）在合作转化中无新的发明创造的，该科技成果的权益，归该科技成果完成单位；

（二）在合作转化中产生新的发明创造的，该新发明创造的权益归合作各方共有；

（三）对合作转化中产生的科技成果，各方都有实施该项科技成果的权利，转让该科技成果应经合作各方同意。

第四十一条 科技成果完成单位与其他单位合作进行科技成果转化的，合作各方应当就保守技术秘密达成协议；当事人不得违反协议或者违反权利人有关保守技术秘密的要求，披露、允许他人使用该技术。

第四十二条 企业、事业单位应当建立健全技术秘密保护制度，保护本单位的技术秘密。职工应当遵守本单位的技术秘密保护制度。

企业、事业单位可以与参加科技成果转化的有关人员签订在职期间或者离职、离休、退休后一定期限内保守本单位技术秘密的协议；有关人员不得违反协议约定，泄露本单位的技术秘密和从事与原单位相同的科技成果转化活动。

职工不得将职务科技成果擅自转让或者变相转让。

第四十三条　国家设立的研究开发机构、高等院校转化科技成果所获得的收入全部留归本单位，在对完成、转化职务科技成果做出重要贡献的人员给予奖励和报酬后，主要用于科学技术研究开发与成果转化等相关工作。

第四十四条　职务科技成果转化后，由科技成果完成单位对完成、转化该项科技成果做出重要贡献的人员给予奖励和报酬。

科技成果完成单位可以规定或者与科技人员约定奖励和报酬的方式、数额和时限。单位制定相关规定，应当充分听取本单位科技人员的意见，并在本单位公开相关规定。

第四十五条　科技成果完成单位未规定、也未与科技人员约定奖励和报酬的方式和数额的，按照下列标准对完成、转化职务科技成果做出重要贡献的人员给予奖励和报酬：

（一）将该项职务科技成果转让、许可给他人实施的，从该项科技成果转让净收入或者许可净收入中提取不低于百分之五十的比例；

（二）利用该项职务科技成果作价投资的，从该项科技成果形成的股份或者出资比例中提取不低于百分之五十的比例；

（三）将该项职务科技成果自行实施或者与他人合作实施的，

应当在实施转化成功投产后连续三至五年，每年从实施该项科技成果的营业利润中提取不低于百分之五的比例。

国家设立的研究开发机构、高等院校规定或者与科技人员约定奖励和报酬的方式和数额应当符合前款第一项至第三项规定的标准。

国有企业、事业单位依照本法规定对完成、转化职务科技成果做出重要贡献的人员给予奖励和报酬的支出计入当年本单位工资总额，但不受当年本单位工资总额限制、不纳入本单位工资总额基数。

第五章 法律责任

第四十六条 利用财政资金设立的科技项目的承担者未依照本法规定提交科技报告、汇交科技成果和相关知识产权信息的，由组织实施项目的政府有关部门、管理机构责令改正；情节严重的，予以通报批评，禁止其在一定期限内承担利用财政资金设立的科技项目。

国家设立的研究开发机构、高等院校未依照本法规定提交科技成果转化情况年度报告的，由其主管部门责令改正；情节严重的，予以通报批评。

第四十七条 违反本法规定，在科技成果转化活动中弄虚作假，采取欺骗手段，骗取奖励和荣誉称号、诈骗钱财、非法牟利的，由政府有关部门依照管理职责责令改正，取消该奖励和荣誉称号，没收违法所得，并处以罚款。给他人造成经济损失的，依法承担民事赔偿责任。构成犯罪的，依法追究刑事责任。

第四十八条　科技服务机构及其从业人员违反本法规定，故意提供虚假的信息、实验结果或者评估意见等欺骗当事人，或者与当事人一方串通欺骗另一方当事人的，由政府有关部门依照管理职责责令改正，没收违法所得，并处以罚款；情节严重的，由工商行政管理部门依法吊销营业执照。给他人造成经济损失的，依法承担民事赔偿责任；构成犯罪的，依法追究刑事责任。

科技中介服务机构及其从业人员违反本法规定泄露国家秘密或者当事人的商业秘密的，依照有关法律、行政法规的规定承担相应的法律责任。

第四十九条　科学技术行政部门和其他有关部门及其工作人员在科技成果转化中滥用职权、玩忽职守、徇私舞弊的，由任免机关或者监察机关对直接负责的主管人员和其他直接责任人员依法给予处分；构成犯罪的，依法追究刑事责任。

第五十条　违反本法规定，以唆使窃取、利诱胁迫等手段侵占他人的科技成果，侵犯他人合法权益的，依法承担民事赔偿责任，可以处以罚款；构成犯罪的，依法追究刑事责任。

第五十一条　违反本法规定，职工未经单位允许，泄露本单位的技术秘密，或者擅自转让、变相转让职务科技成果的，参加科技成果转化的有关人员违反与本单位的协议，在离职、离休、退休后约定的期限内从事与原单位相同的科技成果转化活动，给本单位造成经济损失的，依法承担民事赔偿责任；构成犯罪的，依法追究刑事责任。

第六章　附　　则

第五十二条　本法自1996年10月1日起施行。

国家自然科学基金条例

2007年2月14日国务院第169次常务会议通过

第一章 总 则

第一条 为了规范国家自然科学基金的使用与管理,提高国家自然科学基金使用效益,促进基础研究,培养科学技术人才,增强自主创新能力,根据《中华人民共和国科学技术进步法》,制定本条例。

第二条 国家设立国家自然科学基金,用于资助《中华人民共和国科学技术进步法》规定的基础研究。

第三条 国家自然科学基金主要来源于中央财政拨款。国家鼓励自然人、法人或者其他组织向国家自然科学基金捐资。

中央财政将国家自然科学基金的经费列入预算。

第四条 国家自然科学基金资助工作遵循公开、公平、公正的原则,实行尊重科学、发扬民主、提倡竞争、促进合作、激励创新、引领未来的方针。

第五条 确定国家自然科学基金资助项目(以下简称基金资助项目),应当充分发挥专家的作用,采取宏观引导、自主申请、平等竞争、同行评审、择优支持的机制。

第六条 国务院自然科学基金管理机构(以下简称基金管理机构)负责管理国家自然科学基金,监督基金资助项目的实施。

国务院科学技术主管部门对国家自然科学基金工作依法进行宏观管理、统筹协调。国务院财政部门依法对国家自然科学基金的预算、财务进行管理和监督。审计机关依法对国家自然科学基金的使用与管理进行监督。

第二章　组织与规划

第七条　基金管理机构应当根据国民经济和社会发展规划、科学技术发展规划以及科学技术发展状况，制定基金发展规划和年度基金项目指南。基金发展规划应当明确优先发展的领域，年度基金项目指南应当规定优先支持的项目范围。国家自然科学基金应当设立专项资金，用于培养青年科学技术人才。

基金管理机构制定基金发展规划和年度基金项目指南，应当广泛听取高等学校、科学研究机构、学术团体和有关国家机关、企业的意见，组织有关专家进行科学论证。年度基金项目指南应当在受理基金资助项目申请起始之日30日前公布。

第八条　中华人民共和国境内的高等学校、科学研究机构和其他具有独立法人资格、开展基础研究的公益性机构，可以在基金管理机构注册为依托单位。

本条例施行前的依托单位要求注册为依托单位的，基金管理机构应当予以注册。

基金管理机构应当公布注册的依托单位名称。

第九条　依托单位在基金资助管理工作中履行下列职责：

（一）组织申请人申请国家自然科学基金资助；

（二）审核申请人或者项目负责人所提交材料的真实性；

（三）提供基金资助项目实施的条件，保障项目负责人和参与者实施基金资助项目的时间；

（四）跟踪基金资助项目的实施，监督基金资助经费的使用；

（五）配合基金管理机构对基金资助项目的实施进行监督、检查。

基金管理机构对依托单位的基金资助管理工作进行指导、监督。

第三章　申请与评审

第十条　依托单位的科学技术人员具备下列条件的，可以申请国家自然科学基金资助：

（一）具有承担基础研究课题或者其他从事基础研究的经历；

（二）具有高级专业技术职务（职称）或者具有博士学位，或者有 2 名与其研究领域相同、具有高级专业技术职务（职称）的科学技术人员推荐。

从事基础研究的科学技术人员具备前款规定的条件、无工作单位或者所在单位不是依托单位的，经与在基金管理机构注册的依托单位协商，并取得该依托单位的同意，可以依照本条例规定申请国家自然科学基金资助。依托单位应当将其视为本单位科学技术人员，依照本条例规定实施有效管理。

申请人应当是申请基金资助项目的负责人。

第十一条　申请人申请国家自然科学基金资助，应当以年度基金项目指南为基础确定研究项目，在规定期限内通过依托单位向基金管理机构提出书面申请。

申请人申请国家自然科学基金资助，应当提交证明申请人符合本条例第十条规定条件的材料；年度基金项目指南对申请人有特殊要求的，申请人还应当提交符合该要求的证明材料。

申请人申请基金资助的项目研究内容已获得其他资助的，应当在申请材料中说明资助情况。申请人应当对所提交申请材料的真实性负责。

第十二条　基金管理机构应当自基金资助项目申请截止之日起 45 日内，完成对申请材料的初步审查。符合本条例规定的，予以受理，并公布申请人基本情况和依托单位名称、申请基金资助项目名称。有下列情形之一的，不予受理，通过依托单位书面通知申请人，并说明理由：

（一）申请人不符合本条例规定条件的；

（二）申请材料不符合年度基金项目指南要求的；

（三）申请人申请基金资助项目超过基金管理机构规定的数量的。

第十三条　基金管理机构应当聘请具有较高的学术水平、良好的职业道德的同行专家，对基金资助项目申请进行评审。聘请评审专家的具体办法由基金管理机构制定。

第十四条　基金管理机构对已受理的基金资助项目申请，应当先从同行专家库中随机选择 3 名以上专家进行通讯评审，再组织专家进行会议评审；对因国家经济、社会发展特殊需要或者其他特殊情况临时提出的基金资助项目申请，可以只进行通讯评审或者会议评审。

评审专家对基金管理机构安排其评审的基金资助项目申请认为难以作出学术判断或者没有精力评审的，应当及时告知基金管理机构;基金管理机构应当依照本条例规定,选择其他评审专家进行评审。

第十五条 评审专家对基金资助项目申请应当从科学价值、创新性、社会影响以及研究方案的可行性等方面进行独立判断和评价,提出评审意见。

评审专家对基金资助项目申请提出评审意见,还应当考虑申请人和参与者的研究经历、基金资助经费使用计划的合理性、研究内容获得其他资助的情况、申请人实施基金资助项目的情况以及继续予以资助的必要性。

会议评审提出的评审意见应当通过投票表决。

第十六条 对通讯评审中多数评审专家认为不应当予以资助,但创新性强的基金资助项目申请,经 2 名参加会议评审的评审专家署名推荐,可以进行会议评审。但是,本条例第十四条规定的因特殊需要或者特殊情况临时提出的基金资助项目申请除外。

基金管理机构应当公布评审专家的推荐意见。

第十七条 基金管理机构根据本条例的规定和专家提出的评审意见,决定予以资助的研究项目。基金管理机构不得以与评审专家有不同的学术观点为由否定专家的评审意见。

基金管理机构决定予以资助的,应当及时书面通知申请人和依托单位,并公布申请人基本情况以及依托单位名称、申请基金资助项目名称、拟资助的经费数额等;决定不予资助的,应当及时书面通知申请人和依托单位,并说明理由。

基金管理机构应当整理专家评审意见,并向申请人提供。

第十八条 申请人对基金管理机构作出的不予受理或者不予资助的决定不服的,可以自收到通知之日起 15 日内,向基金管理机构提出书面复审请求。对评审专家的学术判断有不同意见，不得作为提出复审请求的理由。

基金管理机构对申请人提出的复审请求，应当自收到之日起60日内完成审查。认为原决定符合本条例规定的，予以维持，并书面通知申请人；认为原决定不符合本条例规定的，撤销原决定，重新对申请人的基金资助项目申请组织评审专家进行评审、作出决定，并书面通知申请人和依托单位。

第十九条　在基金资助项目评审工作中，基金管理机构工作人员、评审专家有下列情形之一的，应当申请回避：

（一）基金管理机构工作人员、评审专家是申请人、参与者近亲属，或者与其有其他关系、可能影响公正评审的；

（二）评审专家自己申请的基金资助项目与申请人申请的基金资助项目相同或者相近的；

（三）评审专家与申请人、参与者属于同一法人单位的。

基金管理机构根据申请，经审查作出是否回避的决定；也可以不经申请直接作出回避决定。

基金资助项目申请人可以向基金管理机构提供3名以内不适宜评审其申请的评审专家名单，基金管理机构在选择评审专家时应当根据实际情况予以考虑。

第二十条　基金管理机构工作人员不得申请或者参与申请国家自然科学基金资助，不得干预评审专家的评审工作。

基金管理机构工作人员和评审专家不得披露未公开的评审专家的基本情况、评审意见、评审结果等与评审有关的信息。

第四章　资助与实施

第二十一条　依托单位和项目负责人自收到基金管理机构基金资助通知之日起20日内，按照评审专家的评审意见、基金管理机构确定的基金资助额度填写项目计划书，报基金管理机构核准。

依托单位和项目负责人填写项目计划书，除根据评审专家的评审意见和基金管理机构确定的基金资助额度对已提交的申请书内容进行调整外，不得对其他内容进行变更。

第二十二条　基金管理机构对本年度予以资助的研究项目，应当按照《中华人民共和国预算法》和国家有关规定，及时向国务院财政部门申请基金资助项目的预算拨款。但是，本条例第十四条规定的因特殊需要或者特殊情况临时提出的基金资助项目除外。

依托单位自收到基金资助经费之日起7日内，通知基金管理机构和项目负责人。

项目负责人应当按照项目计划书的要求使用基金资助经费，依托单位应当对项目负责人使用基金资助经费的情况进行监督。项目负责人、依托单位不得以任何方式侵占、挪用基金资助经费。基金资助经费使用与管理的具体办法由国务院财政部门会同基金管理机构制定。

第二十三条　项目负责人应当按照项目计划书组织开展研究工作，做好基金资助项目实施情况的原始记录，通过依托单位向基金管理机构提交项目年度进展报告。

依托单位应当审核项目年度进展报告，查看基金资助项目实施情况的原始记录，并向基金管理机构提交年度基金资助项目管理报告。

基金管理机构应当对项目年度进展报告和年度基金资助项目管理报告进行审查。

第二十四条　基金资助项目实施中，依托单位不得擅自变更项目负责人。

项目负责人有下列情形之一的，依托单位应当及时提出变更项目负责人或者终止基金资助项目实施的申请，报基金管理机构批准；基金管理机构也可以直接作出终止基金资助项目实施的决定：

（一）不再是依托单位科学技术人员的；

（二）不能继续开展研究工作的；

（三）有剽窃他人科学研究成果或者在科学研究中有弄虚作假等行为的。

项目负责人调入另一依托单位工作的，经所在依托单位与原依托单位协商一致，由原依托单位提出变更依托单位的申请，报基金管理机构批准。协商不一致的，基金管理机构作出终止该项目负责人所负责的基金资助项目实施的决定。

第二十五条　基金资助项目实施中，研究内容或者研究计划需要作出重大调整的，项目负责人应当及时提出申请，经依托单位审核报基金管理机构批准。

第二十六条　自基金资助项目资助期满之日起60日内，项目负责人应当通过依托单位向基金管理机构提交结题报告；基金资助项目取得研究成果的，应当同时提交研究成果报告。

依托单位应当对结题报告进行审核，建立基金资助项目档案。

依托单位审核结题报告，应当查看基金资助项目实施情况的原始记录。

第二十七条 基金管理机构应当及时审查结题报告。对不符合结题要求的，应当提出处理意见，并书面通知依托单位和项目负责人。

基金管理机构应当将结题报告、研究成果报告和基金资助项目申请摘要予以公布，并收集公众评论意见。

第二十八条 发表基金资助项目取得的研究成果，应当注明得到国家自然科学基金资助。

第五章 监督与管理

第二十九条 基金管理机构应当对基金资助项目实施情况、依托单位履行职责情况进行抽查，抽查时应当查看基金资助项目实施情况的原始记录。抽查结果应当予以记录并公布，公众可以查阅。

基金管理机构应当建立项目负责人和依托单位的信誉档案。

第三十条 基金管理机构应当定期对评审专家履行评审职责情况进行评估；根据评估结果，建立评审专家信誉档案；对有剽窃他人科学研究成果或者在科学研究中有弄虚作假等行为的评审专家，不再聘请。

第三十一条 基金管理机构应当在每个会计年度结束时，公布本年度基金资助的项目、基金资助经费的拨付情况以及对违反本条例规定行为的处罚情况等。

基金管理机构应当定期对基金资助工作进行评估，公布评估报告,并将评估报告作为制定基金发展规划和年度基金项目指南的依据。

第三十二条　评审专家对申请人的基金资助项目申请提出评审意见后,申请人可以就评审专家的评审工作向基金管理机构提出意见;基金管理机构在对评审专家履行评审职责进行评估时应当参考申请人的意见。

任何单位或者个人发现基金管理机构及其工作人员、评审专家、依托单位及其负责基金资助项目管理工作的人员、申请人或者项目负责人、参与者有违反本条例规定行为的,可以检举或者控告。

基金管理机构应当公布联系电话、通讯地址和电子邮件地址。

第三十三条　基金管理机构依照本条例规定对外公开有关信息,应当遵守国家有关保密规定。

第六章　法律责任

第三十四条　申请人、参与者伪造或者变造申请材料的,由基金管理机构给予警告;其申请项目已决定资助的,撤销原资助决定,追回已拨付的基金资助经费;情节严重的,3 至 5 年不得申请或者参与申请国家自然科学基金资助,不得晋升专业技术职务(职称)。

第三十五条　项目负责人、参与者违反本条例规定,有下列行为之一的,由基金管理机构给予警告,暂缓拨付基金资助经费,并责令限期改正;逾期不改正的,撤销原资助决定,追回已拨付的基金资助经费;情节严重的,5 至 7 年不得申请或者参与申请国家自然科学基金资助：

（一）不按照项目计划书开展研究的；

（二）擅自变更研究内容或者研究计划的；

（三）不依照本条例规定提交项目年度进展报告、结题报告或者研究成果报告的；

（四）提交弄虚作假的报告、原始记录或者相关材料的；

（五）侵占、挪用基金资助经费的。

项目负责人、参与者有前款第（四）项、第（五）项所列行为，情节严重的，5 至 7 年不得晋升专业技术职务（职称）。

第三十六条 依托单位有下列情形之一的，由基金管理机构给予警告，责令限期改正；情节严重的，通报批评，3 至 5 年不得作为依托单位：

（一）不履行保障基金资助项目研究条件的职责的；

（二）不对申请人或者项目负责人提交的材料或者报告的真实性进行审查的；

（三）不依照本条例规定提交项目年度进展报告、年度基金资助项目管理报告、结题报告和研究成果报告的；

（四）纵容、包庇申请人、项目负责人弄虚作假的；

（五）擅自变更项目负责人的；

（六）不配合基金管理机构监督、检查基金资助项目实施的；

（七）截留、挪用基金资助经费的。

第三十七条 评审专家有下列行为之一的，由基金管理机构给予警告，责令限期改正；情节严重的，通报批评，基金管理机构不得再聘请其为评审专家：

（一）不履行基金管理机构规定的评审职责的；

（二）未依照本条例规定申请回避的；

（三）披露未公开的与评审有关的信息的；

（四）对基金资助项目申请不公正评审的；

（五）利用工作便利谋取不正当利益的。

第三十八条　基金管理机构工作人员有下列行为之一的，依法给予处分：

（一）未依照本条例规定申请回避的；

（二）披露未公开的与评审有关的信息的；

（三）干预评审专家评审工作的；

（四）利用工作便利谋取不正当利益的。

第三十九条　违反本条例规定，有下列行为之一，构成犯罪的，依法追究刑事责任：

（一）侵吞、挪用基金资助经费的；

（二）基金管理机构工作人员、评审专家履行本条例规定的职责，索取或者非法收受他人财物或者谋取其他不正当利益的；

（三）申请人或者项目负责人、参与者伪造、变造国家机关公文、证件或者伪造、变造印章的；

（四）申请人或者项目负责人、参与者、依托单位及其负责基金资助项目管理工作的人员为谋取不正当利益，给基金管理机构工作人员、评审专家以财物的；

（五）泄露国家秘密的。

申请人或者项目负责人、参与者因前款规定的行为受到刑事处罚的，终身不得申请或者参与申请国家自然科学基金资助。

第四十条　违反有关财政法律、行政法规规定的，依照有关法律、行政法规的规定予以处罚、处分。

第七章　附　　则

第四十一条　本条例施行前已决定资助的研究项目，按照作出决定时国家有关规定执行。

第四十二条　基金管理机构在基金资助工作中，涉及项目组织实施费和与基础研究有关的学术交流活动、基础研究环境建设活动的基金资助经费的使用与管理的，按照国务院财政部门的有关规定执行。

第四十三条　本条例自 2007 年 4 月 1 日起施行。

中共中央　国务院关于深化体制机制改革加快实施创新驱动发展战略的若干意见

1. 中发〔2015〕8号
2. 2015年3月13日发布

创新是推动一个国家和民族向前发展的重要力量，也是推动整个人类社会向前发展的重要力量。面对全球新一轮科技革命与产业变革的重大机遇和挑战，面对经济发展新常态下的趋势变化和特点，面对实现“两个一百年”奋斗目标的历史任务和要求，必须深化体制机制改革，加快实施创新驱动发展战略，现提出如下意见。

一、总体思路和主要目标

加快实施创新驱动发展战略，就是要使市场在资源配置中起决定性作用和更好发挥政府作用，破除一切制约创新的思想障碍和制度藩篱，激发全社会创新活力和创造潜能，提升劳动、信息、知识、技术、管理、资本的效率和效益，强化科技同经济对接、创新成果同产业对接、创新项目同现实生产力对接、研发人员创新劳动同其利益收入对接，增强科技进步对经济发展的贡献度，营造大众创业、万众创新的政策环境和制度环境。

——坚持需求导向。紧扣经济社会发展重大需求，着力打通科技成果向现实生产力转化的通道，着力破除科学家、科技人员、企业家、创业者创新的障碍，着力解决要素驱动、投资驱动向创新驱动转变的制约,让创新真正落实到创造新的增长点上,把创新成果变成实实在在的产业活动。

——坚持人才为先。要把人才作为创新的第一资源,更加注重培养、用好、吸引各类人才,促进人才合理流动、优化配置,创新人才培养模式;更加注重强化激励机制,给予科技人员更多的利益回报和精神鼓励;更加注重发挥企业家和技术技能人才队伍创新作用,充分激发全社会的创新活力。

——坚持遵循规律。根据科学技术活动特点,把握好科学研究的探索发现规律,为科学家潜心研究、发明创造、技术突破创造良好条件和宽松环境;把握好技术创新的市场规律,让市场成为优化配置创新资源的主要手段,让企业成为技术创新的主体力量,让知识产权制度成为激励创新的基本保障;大力营造勇于探索、鼓励创新、宽容失败的文化和社会氛围。

——坚持全面创新。把科技创新摆在国家发展全局的核心位置,统筹推进科技体制改革和经济社会领域改革,统筹推进科技、管理、品牌、组织、商业模式创新,统筹推进军民融合创新,统筹推进引进来与走出去合作创新,实现科技创新、制度创新、开放创新的有机统一和协同发展。

到 2020 年,基本形成适应创新驱动发展要求的制度环境和政策法律体系,为进入创新型国家行列提供有力保障。人才、资本、技术、知识自由流动,企业、科研院所、高等学校协同创新,创新活力竞相迸发,创新成果得到充分保护,创新价值得到更大体现,创新资源配置效率大幅提高,创新人才合理分享创新收益,使创新驱动发展战略真正落地,进而打造促进经济增长和就业创业的新引擎,构筑参与国际竞争合作的新优势,推动形成可持续发展的新格局，促进经济发展方式的转变。

二、营造激励创新的公平竞争环境

发挥市场竞争激励创新的根本性作用，营造公平、开放、透明的市场环境，强化竞争政策和产业政策对创新的引导，促进优胜劣汰，增强市场主体创新动力。

（一）实行严格的知识产权保护制度

完善知识产权保护相关法律，研究降低侵权行为追究刑事责任门槛，调整损害赔偿标准，探索实施惩罚性赔偿制度。完善权利人维权机制，合理划分权利人举证责任。

完善商业秘密保护法律制度，明确商业秘密和侵权行为界定，研究制定相应保护措施，探索建立诉前保护制度。研究商业模式等新形态创新成果的知识产权保护办法。

完善知识产权审判工作机制，推进知识产权民事、刑事、行政案件的“三审合一”，积极发挥知识产权法院的作用，探索跨地区知识产权案件异地审理机制，打破对侵权行为的地方保护。

健全知识产权侵权查处机制，强化行政执法与司法衔接，加强知识产权综合行政执法，健全知识产权维权援助体系，将侵权行为信息纳入社会信用记录。

（二）打破制约创新的行业垄断和市场分割

加快推进垄断性行业改革，放开自然垄断行业竞争性业务，建立鼓励创新的统一透明、有序规范的市场环境。

切实加强反垄断执法，及时发现和制止垄断协议和滥用市场支配地位等垄断行为，为中小企业创新发展拓宽空间。

打破地方保护，清理和废除妨碍全国统一市场的规定和做法，纠正地方政府不当补贴或利用行政权力限制、排除竞争的行为，探索实施公平竞争审查制度。

（三）改进新技术新产品新商业模式的准入管理

改革产业准入制度，制定和实施产业准入负面清单，对未纳入负面清单管理的行业、领域、业务等，各类市场主体皆可依法平等进入。

破除限制新技术新产品新商业模式发展的不合理准入障碍。对药品、医疗器械等创新产品建立便捷高效的监管模式，深化审评审批制度改革，多种渠道增加审评资源，优化流程，缩短周期，支持委托生产等新的组织模式发展。对新能源汽车、风电、光伏等领域实行有针对性的准入政策。

改进互联网、金融、环保、医疗卫生、文化、教育等领域的监管，支持和鼓励新业态、新商业模式发展。

（四）健全产业技术政策和管理制度

改革产业监管制度，将前置审批为主转变为依法加强事中事后监管为主，形成有利于转型升级、鼓励创新的产业政策导向。

强化产业技术政策的引导和监督作用，明确并逐步提高生产环节和市场准入的环境、节能、节地、节水、节材、质量和安全指标及相关标准，形成统一权威、公开透明的市场准入标准体系。健全技术标准体系，强化强制性标准的制定和实施。

加强产业技术政策、标准执行的过程监管。强化环保、质检、工商、安全监管等部门的行政执法联动机制。

（五）形成要素价格倒逼创新机制

运用主要由市场决定要素价格的机制，促使企业从依靠过度消耗资源能源、低性能低成本竞争，向依靠创新、实施差别化竞争转变。

加快推进资源税改革，逐步将资源税扩展到占用各种自然生态空间，推进环境保护费改税。完善市场化的工业用地价格形成机制。健全企业职工工资正常增长机制，实现劳动力成本变化与经济提质增效相适应。

三、建立技术创新市场导向机制

发挥市场对技术研发方向、路线选择和各类创新资源配置的导向作用，调整创新决策和组织模式，强化普惠性政策支持，促进企业真正成为技术创新决策、研发投入、科研组织和成果转化的主体。

（六）扩大企业在国家创新决策中话语权

建立高层次、常态化的企业技术创新对话、咨询制度，发挥企业和企业家在国家创新决策中的重要作用。吸收更多企业参与研究制定国家技术创新规划、计划、政策和标准，相关专家咨询组中产业专家和企业家应占较大比例。

国家科技规划要聚焦战略需求，重点部署市场不能有效配置资源的关键领域研究，竞争类产业技术创新的研发方向、技术路线和要素配置模式由企业依据市场需求自主决策。

（七）完善企业为主体的产业技术创新机制

市场导向明确的科技项目由企业牵头、政府引导、联合高等学校和科研院所实施。鼓励构建以企业为主导、产学研合作的产业技术创新战略联盟。

更多运用财政后补助、间接投入等方式，支持企业自主决策、先行投入，开展重大产业关键共性技术、装备和标准的研发攻关。

开展龙头企业创新转型试点，探索政府支持企业技术创新、管理创新、商业模式创新的新机制。

完善中小企业创新服务体系,加快推进创业孵化、知识产权服务、第三方检验检测认证等机构的专业化、市场化改革,壮大技术交易市场。

优化国家实验室、重点实验室、工程实验室、工程(技术)研究中心布局,按功能定位分类整合,构建开放共享互动的创新网络,建立向企业特别是中小企业有效开放的机制。探索在战略性领域采取企业主导、院校协作、多元投资、军民融合、成果分享的新模式,整合形成若干产业创新中心。加大国家重大科研基础设施、大型科研仪器和专利基础信息资源等向社会开放力度。

(八)提高普惠性财税政策支持力度

坚持结构性减税方向,逐步将国家对企业技术创新的投入方式转变为以普惠性财税政策为主。

统筹研究企业所得税加计扣除政策,完善企业研发费用计核方法,调整目录管理方式,扩大研发费用加计扣除优惠政策适用范围。完善高新技术企业认定办法,重点鼓励中小企业加大研发力度。

(九)健全优先使用创新产品的采购政策

建立健全符合国际规则的支持采购创新产品和服务的政策体系,落实和完善政府采购促进中小企业创新发展的相关措施,加大创新产品和服务的采购力度。鼓励采用首购、订购等非招标采购方式,以及政府购买服务等方式予以支持,促进创新产品的研发和规模化应用。

研究完善使用首台(套)重大技术装备鼓励政策,健全研制、使用单位在产品创新、增值服务和示范应用等环节的激励和约束机制。

放宽民口企业和科研单位进入军品科研生产和维修采购范围。

四、强化金融创新的功能

发挥金融创新对技术创新的助推作用，培育壮大创业投资和资本市场，提高信贷支持创新的灵活性和便利性，形成各类金融工具协同支持创新发展的良好局面。

（十）壮大创业投资规模

研究制定天使投资相关法规。按照税制改革的方向与要求，对包括天使投资在内的投向种子期、初创期等创新活动的投资，统筹研究相关税收支持政策。

研究扩大促进创业投资企业发展的税收优惠政策，适当放宽创业投资企业投资高新技术企业的条件限制，并在试点基础上将享受投资抵扣政策的创业投资企业范围扩大到有限合伙制创业投资企业法人合伙人。

结合国有企业改革设立国有资本创业投资基金，完善国有创投机构激励约束机制。按照市场化原则研究设立国家新兴产业创业投资引导基金，带动社会资本支持战略性新兴产业和高技术产业早中期、初创期创新型企业发展。

完善外商投资创业投资企业规定，有效利用境外资本投向创新领域。研究保险资金投资创业投资基金的相关政策。

（十一）强化资本市场对技术创新的支持

加快创业板市场改革，健全适合创新型、成长型企业发展的制度安排，扩大服务实体经济覆盖面，强化全国中小企业股份转让系统融资、并购、交易等功能，规范发展服务小微企业的区域性股权市场。加强不同层次资本市场的有机联系。

发挥沪深交易所股权质押融资机制作用，支持符合条件的创新创业企业发行公司债券。支持符合条件的企业发行项目收益债，募集资金用于加大创新投入。

推动修订相关法律法规，探索开展知识产权证券化业务。开展股权众筹融资试点，积极探索和规范发展服务创新的互联网金融。

（十二）拓宽技术创新的间接融资渠道

完善商业银行相关法律。选择符合条件的银行业金融机构，探索试点为企业创新活动提供股权和债权相结合的融资服务方式，与创业投资、股权投资机构实现投贷联动。

政策性银行在有关部门及监管机构的指导下，加快业务范围内金融产品和服务方式创新，对符合条件的企业创新活动加大信贷支持力度。

稳步发展民营银行，建立与之相适应的监管制度，支持面向中小企业创新需求的金融产品创新。

建立知识产权质押融资市场化风险补偿机制，简化知识产权质押融资流程。加快发展科技保险，推进专利保险试点。

五、完善成果转化激励政策

强化尊重知识、尊重创新，充分体现智力劳动价值的分配导向，让科技人员在创新活动中得到合理回报，通过成果应用体现创新价值，通过成果转化创造财富。

（十三）加快下放科技成果使用、处置和收益权

不断总结试点经验，结合事业单位分类改革要求，尽快将财政资金支持形成的，不涉及国防、国家安全、国家利益、重大社会公共利益的科技成果的使用权、处置权和收益权，全部下放给符合条件

的项目承担单位。单位主管部门和财政部门对科技成果在境内的使用、处置不再审批或备案，科技成果转移转化所得收入全部留归单位，纳入单位预算，实行统一管理，处置收入不上缴国库。

（十四）提高科研人员成果转化收益比例

完善职务发明制度，推动修订专利法、公司法等相关内容，完善科技成果、知识产权归属和利益分享机制，提高骨干团队、主要发明人受益比例。完善奖励报酬制度，健全职务发明的争议仲裁和法律救济制度。

修订相关法律和政策规定，在利用财政资金设立的高等学校和科研院所中，将职务发明成果转让收益在重要贡献人员、所属单位之间合理分配，对用于奖励科研负责人、骨干技术人员等重要贡献人员和团队的收益比例，可以从现行不低于20%提高到不低于50%。

（十五）加大科研人员股权激励力度

鼓励各类企业通过股权、期权、分红等激励方式，调动科研人员创新积极性。

对高等学校和科研院所等事业单位以科技成果作价入股的企业，放宽股权奖励、股权出售对企业设立年限和盈利水平的限制。

建立促进国有企业创新的激励制度，对在创新中作出重要贡献的技术人员实施股权和分红权激励。

积极总结试点经验，抓紧确定科技型中小企业的条件和标准。高新技术企业和科技型中小企业科研人员通过科技成果转化取得股权奖励收入时，原则上在5年内分期缴纳个人所得税。结合个人所得税制改革，研究进一步激励科研人员创新的政策。

六、构建更加高效的科研体系

发挥科学技术研究对创新驱动的引领和支撑作用，遵循规律、强化激励、合理分工、分类改革，增强高等学校、科研院所原始创新能力和转制科研院所的共性技术研发能力。

（十六）优化对基础研究的支持方式

切实加大对基础研究的财政投入，完善稳定支持和竞争性支持相协调的机制，加大稳定支持力度，支持研究机构自主布局科研项目，扩大高等学校、科研院所学术自主权和个人科研选题选择权。

改革基础研究领域科研计划管理方式，尊重科学规律，建立包容和支持"非共识"创新项目的制度。

改革高等学校和科研院所聘用制度，优化工资结构，保证科研人员合理工资待遇水平。完善内部分配机制，重点向关键岗位、业务骨干和作出突出成绩的人员倾斜。

（十七）加大对科研工作的绩效激励力度

完善事业单位绩效工资制度，健全鼓励创新创造的分配激励机制。完善科研项目间接费用管理制度，强化绩效激励，合理补偿项目承担单位间接成本和绩效支出。项目承担单位应结合一线科研人员实际贡献，公开公正安排绩效支出，充分体现科研人员的创新价值。

（十八）改革高等学校和科研院所科研评价制度

强化对高等学校和科研院所研究活动的分类考核。对基础和前沿技术研究实行同行评价，突出中长期目标导向，评价重点从研究成果数量转向研究质量、原创价值和实际贡献。

对公益性研究强化国家目标和社会责任评价，定期对公益性研究机构组织第三方评价，将评价结果作为财政支持的重要依据，引导建立公益性研究机构依托国家资源服务行业创新机制。

（十九）深化转制科研院所改革

坚持技术开发类科研机构企业化转制方向，对于承担较多行业共性科研任务的转制科研院所，可组建成产业技术研发集团，对行业共性技术研究和市场经营活动进行分类管理、分类考核。

推动以生产经营活动为主的转制科研院所深化市场化改革，通过引入社会资本或整体上市，积极发展混合所有制，推进产业技术联盟建设。

对于部分转制科研院所中基础研究能力较强的团队，在明确定位和标准的基础上，引导其回归公益，参与国家重点实验室建设，支持其继续承担国家任务。

（二十）建立高等学校和科研院所技术转移机制

逐步实现高等学校和科研院所与下属公司剥离，原则上高等学校、科研院所不再新办企业，强化科技成果以许可方式对外扩散。

建立完善高等学校、科研院所的科技成果转移转化的统计和报告制度，财政资金支持形成的科技成果，除涉及国防、国家安全、国家利益、重大社会公共利益外，在合理期限内未能转化的，可由国家依法强制许可实施。

七、创新培养、用好和吸引人才机制

围绕建设一支规模宏大、富有创新精神、敢于承担风险的创新型人才队伍，按照创新规律培养和吸引人才，按照市场规律让人才自由流动，实现人尽其才、才尽其用、用有所成。

（二十一）构建创新型人才培养模式

开展启发式、探究式、研究式教学方法改革试点，弘扬科学精神，营造鼓励创新、宽容失败的创新文化。改革基础教育培养模式，尊重个性发展，强化兴趣爱好和创造性思维培养。

以人才培养为中心，着力提高本科教育质量，加快部分普通本科高等学校向应用技术型高等学校转型，开展校企联合招生、联合培养试点，拓展校企合作育人的途径与方式。

分类改革研究生培养模式，探索科教结合的学术学位研究生培养新模式，扩大专业学位研究生招生比例，增进教学与实践的融合。

鼓励高等学校以国际同类一流学科为参照，开展学科国际评估，扩大交流合作，稳步推进高等学校国际化进程。

（二十二）建立健全科研人才双向流动机制

改进科研人员薪酬和岗位管理制度，破除人才流动的体制机制障碍，促进科研人员在事业单位和企业间合理流动。

符合条件的科研院所的科研人员经所在单位批准，可带着科研项目和成果、保留基本待遇到企业开展创新工作或创办企业。

允许高等学校和科研院所设立一定比例流动岗位，吸引有创新实践经验的企业家和企业科技人才兼职。试点将企业任职经历作为高等学校新聘工程类教师的必要条件。

加快社会保障制度改革，完善科研人员在企业与事业单位之间流动时社保关系转移接续政策，促进人才双向自由流动。

（二十三）实行更具竞争力的人才吸引制度

制定外国人永久居留管理的意见，加快外国人永久居留管理立法，规范和放宽技术型人才取得外国人永久居留证的条件，探索建立技术移民制度。对持有外国人永久居留证的外籍高层次人才在创办科技型企业等创新活动方面,给予中国籍公民同等待遇。

加快制定外国人在中国工作管理条例,对符合条件的外国人才给予工作许可便利,对符合条件的外国人才及其随行家属给予签证和居留等便利。对满足一定条件的国外高层次科技创新人才取消来华工作许可的年龄限制。

围绕国家重大需求,面向全球引进首席科学家等高层次科技创新人才。建立访问学者制度。广泛吸引海外高层次人才回国(来华)从事创新研究。

稳步推进人力资源市场对外开放,逐步放宽外商投资人才中介服务机构的外资持股比例和最低注册资本金要求。鼓励有条件的国内人力资源服务机构走出去与国外人力资源服务机构开展合作,在境外设立分支机构,积极参与国际人才竞争与合作。

八、推动形成深度融合的开放创新局面

坚持引进来与走出去相结合,以更加主动的姿态融入全球创新网络,以更加开阔的胸怀吸纳全球创新资源,以更加积极的策略推动技术和标准输出,在更高层次上构建开放创新机制。

(二十四)鼓励创新要素跨境流动

对开展国际研发合作项目所需付汇,实行研发单位事先承诺,商务、科技、税务部门事后并联监管。

对科研人员因公出国进行分类管理,放宽因公临时出国批次限量管理政策。

改革检验管理,对研发所需设备、样本及样品进行分类管理,在保证安全前提下,采用重点审核、抽检、免检等方式,提高审核效率。

（二十五）优化境外创新投资管理制度

健全综合协调机制，协调解决重大问题，合力支持国内技术、产品、标准、品牌走出去，开拓国际市场。强化技术贸易措施评价和风险预警机制。

研究通过国有重点金融机构发起设立海外创新投资基金，外汇储备通过债权、股权等方式参与设立基金工作，更多更好利用全球创新资源。

鼓励上市公司海外投资创新类项目，改革投资信息披露制度，在相关部门确认不影响国家安全和经济安全前提下，按照中外企业商务谈判进展，适时披露有关信息。

（二十六）扩大科技计划对外开放

制定国家科技计划对外开放的管理办法，按照对等开放、保障安全的原则，积极鼓励和引导外资研发机构参与承担国家科技计划项目。

在基础研究和重大全球性问题研究等领域，统筹考虑国家科研发展需求和战略目标，研究发起国际大科学计划和工程，吸引海外顶尖科学家和团队参与。积极参与大型国际科技合作计划。引导外资研发中心开展高附加值原创性研发活动，吸引国际知名科研机构来华联合组建国际科技中心。

九、加强创新政策统筹协调

更好发挥政府推进创新的作用。改革科技管理体制，加强创新政策评估督查与绩效评价，形成职责明晰、积极作为、协调有力、长效管用的创新治理体系。

（二十七）加强创新政策的统筹

加强科技、经济、社会等方面的政策、规划和改革举措的统筹协调和有效衔接，强化军民融合创新。发挥好科技界和智库对创新决策的支撑作用。

建立创新政策协调审查机制，组织开展创新政策清理，及时废止有违创新规律、阻碍新兴产业和新兴业态发展的政策条款，对新制定政策是否制约创新进行审查。

建立创新政策调查和评价制度，广泛听取企业和社会公众意见，定期对政策落实情况进行跟踪分析，并及时调整完善。

（二十八）完善创新驱动导向评价体系

改进和完善国内生产总值核算方法，体现创新的经济价值。研究建立科技创新、知识产权与产业发展相结合的创新驱动发展评价指标，并纳入国民经济和社会发展规划。

健全国有企业技术创新经营业绩考核制度，加大技术创新在国有企业经营业绩考核中的比重。对国有企业研发投入和产出进行分类考核，形成鼓励创新、宽容失败的考核机制。把创新驱动发展成效纳入对地方领导干部的考核范围。

（二十九）改革科技管理体制

转变政府科技管理职能，建立依托专业机构管理科研项目的机制，政府部门不再直接管理具体项目，主要负责科技发展战略、规划、政策、布局、评估和监管。

建立公开统一的国家科技管理平台，健全统筹协调的科技宏观决策机制，加强部门功能性分工，统筹衔接基础研究、应用开发、成果转化、产业发展等各环节工作。

进一步明晰中央和地方科技管理事权和职能定位，建立责权统一的协同联动机制，提高行政效能。

（三十）推进全面创新改革试验

遵循创新区域高度集聚的规律，在有条件的省（自治区、直辖市）系统推进全面创新改革试验，授权开展知识产权、科研院所、高等教育、人才流动、国际合作、金融创新、激励机制、市场准入等改革试验，努力在重要领域和关键环节取得新突破，及时总结推广经验，发挥示范和带动作用，促进创新驱动发展战略的深入实施。

各级党委和政府要高度重视，加强领导，把深化体制机制改革、加快实施创新驱动发展战略，作为落实党的十八大和十八届二中、三中、四中全会精神的重大任务，认真抓好落实。有关方面要密切配合，分解改革任务，明确时间表和路线图，确定责任部门和责任人。要加强对创新文化的宣传和舆论引导，宣传改革经验、回应社会关切、引导社会舆论，为创新营造良好的社会环境。

国务院关于改进加强中央财政科研项目和资金管理的若干意见

国发〔2014〕11号

各省、自治区、直辖市人民政府，国务院各部委、各直属机构：

《国家中长期科学和技术发展规划纲要（2006－2020年）》实施以来，我国财政科技投入快速增长，科研项目和资金管理不断改进，为科技事业发展提供了有力支撑。但也存在项目安排分散重复、管理不够科学透明、资金使用效益亟待提高等突出问题，必须切实加以解决。为深入贯彻党的十八大和十八届二中、三中全会精神，落实创新驱动发展战略，促进科技与经济紧密结合，按照《中共中央 国务院关于深化科技体制改革加快国家创新体系建设的意见》（中发〔2012〕6号）的要求，现就改进加强中央财政民口科研项目和资金管理提出如下意见。

一、改进加强科研项目和资金管理的总体要求

（一）总体目标。

通过深化改革，加快建立适应科技创新规律、统筹协调、职责清晰、科学规范、公开透明、监管有力的科研项目和资金管理机制，使科研项目和资金配置更加聚焦国家经济社会发展重大需求，基础前沿研究、战略高技术研究、社会公益研究和重大共性关键技术研究显著加强，财政资金使用效益明显提升，科研人员的积极性和创造性充分发挥，科技对经济社会发展的支撑引领作用不断增强，

为实施创新驱动发展战略提供有力保障。

（二）基本原则。

——坚持遵循规律。把握全球科技和产业变革趋势，立足我国经济社会发展和科技创新实际，遵循科学研究、技术创新和成果转化规律，实行分类管理，提高科研项目和资金管理水平，健全鼓励原始创新、集成创新和引进消化吸收再创新的机制。

——坚持改革创新。推进政府职能转变，发挥好财政科技投入的引导激励作用和市场配置各类创新要素的导向作用。加强管理创新和统筹协调，对科研项目和资金管理各环节进行系统化改革，以改革释放创新活力。

——坚持公正公开。强化科研项目和资金管理信息公开，加强科研诚信建设和信用管理，着力营造以人为本、公平竞争、充分激发科研人员创新热情的良好环境。

——坚持规范高效。明确科研项目、资金管理和执行各方的职责，优化管理流程，建立健全决策、执行、评价相对分开、互相监督的运行机制，提高管理的科学化、规范化、精细化水平。

二、加强科研项目和资金配置的统筹协调

（三）优化整合各类科技计划（专项、基金等）。科技计划（专项、基金等）的设立，应当根据国家战略需求和科技发展需要，按照政府职能转变和中央与地方合理划分事权的要求，明确各自功能定位、目标和时限。建立各类科技计划（专项、基金等）的绩效评估、动态调整和终止机制。优化整合中央各部门管理的科技计划（专项、基金等），对定位不清、重复交叉、实施效果不好的，要通过撤、并、转等方式进行必要调整和优化。项目主管部门要按照各自职责，围绕科技计划（专项、基金等）功能定位，科学组织安排科研项目，提升项目层次和质量，合理控制项目数量。

（四）建立健全统筹协调与决策机制。科技行政主管部门会同有关部门要充分发挥科技工作重大问题会商与沟通机制的作用，按照国民经济和社会发展规划的部署，加强科技发展优先领域、重点任务、重大项目等的统筹协调，形成年度科技计划（专项、基金等）重点工作安排和部门分工，经国家科技体制改革和创新体系建设领导小组审议通过后，分工落实、协同推进。财政部门要加强科技预算安排的统筹，做好各类科技计划（专项、基金等）年度预算方案的综合平衡。涉及国民经济、社会发展和国家安全的重大科技事项，按程序报国务院决策。

（五）建设国家科技管理信息系统。科技行政主管部门、财政部门会同有关部门和地方在现有各类科技计划（专项、基金等）科研项目数据库基础上，按照统一的数据结构、接口标准和信息安全规范，在 2014 年底前基本建成中央财政科研项目数据库；2015 年底前基本实现与地方科研项目数据资源的互联互通，建成统一的国家科技管理信息系统，并向社会开放服务。

三、实行科研项目分类管理

（六）基础前沿科研项目突出创新导向。基础、前沿类科研项目要立足原始创新，充分尊重专家意见，通过同行评议、公开择优的方式确定研究任务和承担者，激发科研人员的积极性和创造性。引导支持企业增加基础研究投入，与科研院所、高等学校联合开展基础研究，推动基础研究与应用研究的紧密结合。对优秀人才和团队给予持续支持，加大对青年科研人员的支持力度。项目主管部门要减少项目执行中的检查评价，发挥好学术咨询机构、协会、学会的咨询作用，营造“鼓励探索、宽容失败”的实施环境。

（七）公益性科研项目聚焦重大需求。公益性科研项目要重点解决制约公益性行业发展的重大科技问题，强化需求导向和应用导向。行业主管部门应当充分发挥组织协调作用，提高项目的系统性、针对性和实用性，及时协调解决项目实施中存在的问题，保证项目成果服务社会公益事业发展。加强对基础数据、基础标准、种质资源等工作的稳定支持，为科研提供基础性支撑。

（八）市场导向类项目突出企业主体。明晰政府与市场的边界，充分发挥市场对技术研发方向、路线选择、要素价格、各类创新要素配置的导向作用，政府主要通过制定政策、营造环境，引导企业成为技术创新决策、投入、组织和成果转化的主体。对于政府支持企业开展的产业重大共性关键技术研究等公共科技活动，在立项时要加强对企业资质、研发能力的审核，鼓励产学研协同攻关。对于政府引导企业开展的科研项目，主要由企业提出需求、先行投入和组织研发，政府采用"后补助"及间接投入等方式给予支持，形成主要由市场决定技术创新项目和资金分配、评价成果的机制以及企业主导项目组织实施的机制。

（九）重大项目突出国家目标导向。对于事关国家战略需求和长远发展的重大科研项目，应当集中力量办大事，聚焦攻关重点，设定明确的项目目标和关键节点目标，并在任务书中明确考核指标。项目主管部门主要采取定向择优方式遴选优势单位承担项目，鼓励产学研协同创新，加强项目实施全过程的管理和节点目标考核，探索实行项目专员制和监理制；项目承担单位上级主管部门要切实履行在项目推荐、组织实施和验收等环节的相应职责；项目承担单位要强化主体责任，组织有关单位协同创新，保证项目目标的实现。

四、改进科研项目管理流程

（十）改革项目指南制定和发布机制。项目主管部门要结合科技计划（专项、基金等）的特点，针对不同项目类别和要求编制项目指南，市场导向类项目指南要充分体现产业需求。扩大项目指南编制工作的参与范围，项目指南发布前要充分征求科研单位、企业、相关部门、地方、协会、学会等有关方面意见，并建立由各方参与的项目指南论证机制。项目主管部门每年固定时间发布项目指南，并通过多种方式扩大项目指南知晓范围，鼓励符合条件的科研人员申报项目。自指南发布日到项目申报受理截止日，原则上不少于50天，以保证科研人员有充足时间申报项目。

（十一）规范项目立项。项目申请单位应当认真组织项目申报，根据科研工作实际需要选择项目合作单位。项目主管部门要完善公平竞争的项目遴选机制，通过公开择优、定向择优等方式确定项目承担者；要规范立项审查行为，健全立项管理的内部控制制度，对项目申请者及其合作方的资质、科研能力等进行重点审核，加强项目查重，避免一题多报或重复资助，杜绝项目打包和“拉郎配”；要规范评审专家行为，提高项目评审质量，推行网络评审和视频答辩评审，合理安排会议答辩评审，视频与会议答辩评审应当录音录像，评审意见应当及时反馈项目申请者。从受理项目申请到反馈立项结果原则上不超过120个工作日。要明示项目审批流程，使项目申请者能够及时查询立项工作进展，实现立项过程“可申诉、可查询、可追溯”。

（十二）明确项目过程管理职责。项目承担单位负责项目实施的具体管理。项目主管部门要健全服务机制，积极协调解决项目实施中出现的新情况新问题，针对不同科研项目管理特点组织开展巡视检查或抽查，对项目实施不力的要加强督导，对存在违规行为的要责成项目承担单位限期整改，对问题严重的要暂停项目实施。

（十三）加强项目验收和结题审查。项目完成后，项目承担单位应当及时做好总结，编制项目决算，按时提交验收或结题申请，无特殊原因未按时提出验收申请的，按不通过验收处理。项目主管部门应当及时组织开展验收或结题审查，并严把验收和审查质量。根据不同类型项目，可以采取同行评议、第三方评估、用户测评等方式，依据项目任务书组织验收，将项目验收结果纳入国家科技报告。探索开展重大项目决策、实施、成果转化的后评价。

五、改进科研项目资金管理

（十四）规范项目预算编制。项目申请单位应当按规定科学合理、实事求是地编制项目预算，并对仪器设备购置、合作单位资质及拟外拨资金进行重点说明。相关部门要改进预算编制方法，完善预算编制指南和评估评审工作细则，健全预算评估评审的沟通反馈机制。评估评审工作的重点是项目预算的目标相关性、政策相符性、经济合理性，在评估评审中不得简单按比例核减预算。除以定额补助方式资助的项目外，应当依据科研任务实际需要和财力可能核定项目预算，不得在预算申请前先行设定预算控制额度。劳务费预算应当结合当地实际以及相关人员参与项目的全时工作时间等因素合理编制。

（十五）及时拨付项目资金。项目主管部门要合理控制项目和预算评估评审时间，加强项目立项和预算下达的衔接，及时批复项目和预算。相关部门和单位要按照财政国库管理制度相关规定，结合项目实施和资金使用进度，及时合规办理资金支付。实行部门预算批复前项目资金预拨制度,保证科研任务顺利实施。对于有明确目标的重大项目,按照关键节点任务完成情况进行拨款。

（十六）规范直接费用支出管理。科学界定与项目研究直接相关的支出范围,各类科技计划(专项、基金等)的支出科目和标准原则上应保持一致。调整劳务费开支范围,将项目临时聘用人员的社会保险补助纳入劳务费科目中列支。进一步下放预算调整审批权限,同时严格控制会议费、差旅费、国际合作与交流费,项目实施中发生的三项支出之间可以调剂使用,但不得突破三项支出预算总额。

（十七）完善间接费用和管理费用管理。对实行间接费用管理的项目,间接费用的核定与项目承担单位信用等级挂钩,由项目主管部门直接拨付到项目承担单位。间接费用用于补偿项目承担单位为项目实施所发生的间接成本和绩效支出,项目承担单位应当建立健全间接费用的内部管理办法,合规合理使用间接费用,结合一线科研人员实际贡献公开公正安排绩效支出,体现科研人员价值,充分发挥绩效支出的激励作用。项目承担单位不得在核定的间接费用或管理费用以外再以任何名义在项目资金中重复提取、列支相关费用。

（十八）改进项目结转结余资金管理办法。项目在研期间,年度剩余资金可以结转下一年度继续使用。项目完成任务目标并通过验收,且承担单位信用评价好的,项目结余资金按规定在一定期限内由单位统筹安排用于科研活动的直接支出,并将使用情况报项目主管部门;未通过验收和整改后通过验收的项目,或承担单位信用评价差的,结余资金按原渠道收回。

（十九）完善单位预算管理办法。财政部门按照核定收支、定额或者定项补助、超支不补、结转和结余按规定使用的原则,合理安排科研院所和高等学校等事业单位预算。科研院所和高等学校等事业单位要按照国家规定合理安排人员经费和公用经费,保障单位正常运转。

六、加强科研项目和资金监管

(二十)规范科研项目资金使用行为。科研人员和项目承担单位要依法依规使用项目资金,不得擅自调整外拨资金,不得利用虚假票据套取资金,不得通过编造虚假合同、虚构人员名单等方式虚报冒领劳务费和专家咨询费,不得通过虚构测试化验内容、提高测试化验支出标准等方式违规开支测试化验加工费,不得随意调账变动支出、随意修改记账凭证、以表代账应付财务审计和检查。项目承担单位要建立健全科研和财务管理等相结合的内部控制制度,规范项目资金管理,在职责范围内及时审批项目预算调整事项。对于从中央财政以外渠道获得的项目资金,按照国家有关财务会计制度规定以及相关资金提供方的具体要求管理和使用。

(二十一)改进科研项目资金结算方式。科研院所、高等学校等事业单位承担项目所发生的会议费、差旅费、小额材料费和测试化验加工费等,要按规定实行"公务卡"结算;企业承担的项目,上述支出也应当采用非现金方式结算。项目承担单位对设备费、大宗材料费和测试化验加工费、劳务费、专家咨询费等支出,原则上应当通过银行转账方式结算。

(二十二)完善科研信用管理。建立覆盖指南编制、项目申请、评估评审、立项、执行、验收全过程的科研信用记录制度,由项目主管部门委托专业机构对项目承担单位和科研人员、评估评审专家、中介机构等参与主体进行信用评级,并按信用评级实行分类管理。

各项目主管部门应共享信用评价信息。建立"黑名单"制度，将严重不良信用记录者记入"黑名单"，阶段性或永久取消其申请中央财政资助项目或参与项目管理的资格。

（二十三）加大对违规行为的惩处力度。建立完善覆盖项目决策、管理、实施主体的逐级考核问责机制。有关部门要加强科研项目和资金监管工作，严肃处理违规行为，按规定采取通报批评、暂停项目拨款、终止项目执行、追回已拨项目资金、取消项目承担者一定期限内项目申报资格等措施，涉及违法的移交司法机关处理，并将有关结果向社会公开。建立责任倒查制度，针对出现的问题倒查项目主管部门相关人员的履职尽责和廉洁自律情况，经查实存在问题的依法依规严肃处理。

七、加强相关制度建设

（二十四）建立健全信息公开制度。除涉密及法律法规另有规定外，项目主管部门应当按规定向社会公开科研项目的立项信息、验收结果和资金安排情况等，接受社会监督。项目承担单位应当在单位内部公开项目立项、主要研究人员、资金使用、大型仪器设备购置以及项目研究成果等情况，接受内部监督。

（二十五）建立国家科技报告制度。科技行政主管部门要会同有关部门制定科技报告的标准和规范，建立国家科技报告共享服务平台，实现国家科技资源持续积累、完整保存和开放共享。对中央财政资金支持的科研项目，项目承担者必须按规定提交科技报告，科技报告提交和共享情况作为对其后续支持的重要依据。

（二十六）改进专家遴选制度。充分发挥专家咨询作用，项目评估评审应当以同行专家为主，吸收海外高水平专家参与，评估评审专家中一线科研人员的比例应当达到75%左右。扩大企业专家参与市场导向类项目评估评审的比重。推动学术咨询机构、协会、学会等更多参与项目评估评审工作。建立专家数据库,实行评估评审专家轮换、调整机制和回避制度。对采用视频或会议方式评审的,公布专家名单,强化专家自律,接受同行质询和社会监督;对采用通讯方式评审的,评审前专家名单严格保密,保证评审公正性。

(二十七)完善激发创新创造活力的相关制度和政策。完善科研人员收入分配政策,健全与岗位职责、工作业绩、实际贡献紧密联系的分配激励机制。健全科技人才流动机制,鼓励科研院所、高等学校与企业创新人才双向交流,完善兼职兼薪管理政策。加快推进事业单位科技成果使用、处置和收益管理改革,完善和落实促进科研人员成果转化的收益分配政策。加强知识产权运用和保护,落实激励科技创新的税收政策,推进科技评价和奖励制度改革,制定导向明确、激励约束并重的评价标准,充分调动项目承担单位和科研人员的积极性创造性。

八、明确和落实各方管理责任

(二十八)项目承担单位要强化法人责任。项目承担单位是科研项目实施和资金管理使用的责任主体,要切实履行在项目申请、组织实施、验收和资金使用等方面的管理职责,加强支撑服务条件建设,提高对科研人员的服务水平,建立常态化的自查自纠机制,严肃处理本单位出现的违规行为。科研人员要弘扬科学精神,恪守科研诚信,强化责任意识,严格遵守科研项目和资金管理的各项规定,自觉接受有关方面的监督。

(二十九)有关部门要落实管理和服务责任。科技行政主管部门要会同有关部门根据本意见精神制定科技工作重大问题会商与沟通的工作规则;项目主管部门和财政部门要制定或修订各类科技计划(专项、基金等)管理制度。各有关部门要建立健全本部门内部控制和监管体系,加强对所属单位科研项目和资金管理内部制度的审查;督促指导项目承担单位和科研人员依法合规开展科研活动,做好经常性的政策宣传、培训和科研项目实施中的服务工作。

各地区要参照本意见,制定加强本地财政科研项目和资金管理的办法。

关于深化中央财政科技计划(专项、基金等)管理改革的方案

1. 国发〔2014〕64 号
2. 2014 年 12 月 3 日发布

科技计划(专项、基金等)是政府支持科技创新活动的重要方式。改革开放以来,我国先后设立了一批科技计划(专项、基金等),为增强国家科技实力、提高综合竞争力、支撑引领经济社会发展发挥了重要作用。但是,由于顶层设计、统筹协调、分类资助方式不够完善,现有各类科技计划(专项、基金等)存在着重复、分散、封闭、低效等现象,多头申报项目、资源配置"碎片化"等问题突出,不能完全适应实施创新驱动发展战略的要求。当前,全球科技革命和产业变革日益兴起,世界各主要国家都在调整完善科技创新战略和政策,我们必须立足国情,借鉴发达国家经验,通过深化改革着力解决存在的突出问题,推动以科技创新为核心的全面创新,尽快缩小我国与发达国家之间的差距。

为深入贯彻党的十八大和十八届二中、三中、四中全会精神,落实党中央、国务院决策部署,加快实施创新驱动发展战略,按照深化科技体制改革、财税体制改革的总体要求和《中共中央 国务院关于深化科技体制改革加快国家创新体系建设的意见》、《国务院关于改进加强中央财政科研项目和资金管理的若干意见》(国发〔2014〕11 号)精神,制定本方案。

一、总体目标和基本原则

（一）总体目标。

强化顶层设计，打破条块分割，改革管理体制，统筹科技资源，加强部门功能性分工，建立公开统一的国家科技管理平台，构建总体布局合理、功能定位清晰、具有中国特色的科技计划（专项、基金等）体系，建立目标明确和绩效导向的管理制度，形成职责规范、科学高效、公开透明的组织管理机制，更加聚焦国家目标，更加符合科技创新规律，更加高效配置科技资源，更加强化科技与经济紧密结合，最大限度激发科研人员创新热情，充分发挥科技计划（专项、基金等）在提高社会生产力、增强综合国力、提升国际竞争力和保障国家安全中的战略支撑作用。

（二）基本原则。

转变政府科技管理职能。政府各部门要简政放权，主要负责科技发展战略、规划、政策、布局、评估、监管，对中央财政各类科技计划（专项、基金等）实行统一管理，建立统一的评估监管体系，加强事中、事后的监督检查和责任倒查。政府各部门不再直接管理具体项目，充分发挥专家和专业机构在科技计划（专项、基金等）具体项目管理中的作用。

聚焦国家重大战略任务。面向世界科技前沿、面向国家重大需求、面向国民经济主战场，科学布局中央财政科技计划（专项、基金等），完善项目形成机制，优化资源配置，需求导向，分类指导，超前部署，瞄准突破口和主攻方向，加大财政投入，建立围绕重大任务推动科技创新的新机制。

促进科技与经济深度融合。加强科技与经济在规划、政策等方面的相互衔接。科技计划（专项、基金等）要围绕产业链部署创新链，围绕创新链完善资金链，统筹衔接基础研究、应用开发、成果转化、产业发展等各环节工作，更加主动有效地服务于经济结构调整和提质增效升级，建设具有核心竞争力的创新型经济。

明晰政府与市场的关系。政府重点支持市场不能有效配置资源的基础前沿、社会公益、重大共性关键技术研究等公共科技活动，积极营造激励创新的环境，解决好“越位”和“缺位”问题。发挥好市场配置技术创新资源的决定性作用和企业技术创新主体作用，突出成果导向，以税收优惠、政府采购等普惠性政策和引导性为主的方式支持企业技术创新和科技成果转化活动。

坚持公开透明和社会监督。科技计划（专项、基金等）项目全部纳入统一的国家科技管理信息系统和国家科技报告系统，加强项目实施全过程的信息公开和痕迹管理。除涉密项目外，所有信息向社会公开，接受社会监督。营造遵循科学规律、鼓励探索、宽容失败的氛围。

二、建立公开统一的国家科技管理平台

（一）建立部际联席会议制度。

建立由科技部牵头，财政部、发展改革委等相关部门参加的科技计划（专项、基金等）管理部际联席会议（以下简称联席会议）制度，制定议事规则，负责审议科技发展战略规划、科技计划（专项、基金等）的布局与设置、重点任务和指南、战略咨询与综合评审委员会的组成、专业机构的遴选择优等事项。在此基础上，财政部按照预算管理的有关规定统筹配置科技计划（专项、基金等）预算。各相关部门做好产业和行业政策、规划、标准与科研工作的衔接，充分发挥在提出基础前沿、社会公益、重大共性关键技术需求，以及任务组织实施和科技成果转化推广应用中的积极作用。科技发

展战略规划、科技计划（专项、基金等）布局和重点专项设置等重大事项，经国家科技体制改革和创新体系建设领导小组审议后，按程序报国务院，特别重大事项报党中央。

（二）依托专业机构管理项目。

将现有具备条件的科研管理类事业单位等改造成规范化的项目管理专业机构，由专业机构通过统一的国家科技管理信息系统受理各方面提出的项目申请，组织项目评审、立项、过程管理和结题验收等，对实现任务目标负责。加快制定专业机构管理制度和标准，明确规定专业机构应当具备相关科技领域的项目管理能力，建立完善的法人治理结构，设立理事会、监事会，制定章程，按照联席会议确定的任务，接受委托，开展工作。加强对专业机构的监督、评价和动态调整，确保其按照委托协议的要求和相关制度的规定进行项目管理工作。项目评审专家应当从国家科技项目评审专家库中选取。鼓励具备条件的社会化科技服务机构参与竞争，推进专业机构的市场化和社会化。

（三）发挥战略咨询与综合评审委员会的作用。

战略咨询与综合评审委员会由科技界、产业界和经济界的高层次专家组成，对科技发展战略规划、科技计划（专项、基金等）布局、重点专项设置和任务分解等提出咨询意见，为联席会议提供决策参考；对制定统一的项目评审规则、建设国家科技项目评审专家库、规范专业机构的项目评审等工作，提出意见和建议；接受联席会议委托，对特别重大的科技项目组织开展评审。战略咨询与综合评审委员会要与学术咨询机构、协会、学会等开展有效合作，不断提高咨询意见的质量。

（四）建立统一的评估和监管机制。

科技部、财政部要对科技计划（专项、基金等）的实施绩效、战略咨询与综合评审委员会和专业机构的履职尽责情况等统一组织评估评价和监督检查，进一步完善科研信用体系建设，实行“黑名单”制度和责任倒查机制。对科技计划（专项、基金等）的绩效评估通过公开竞争等方式择优委托第三方机构开展，评估结果作为中央财政予以支持的重要依据。各有关部门要加强对所属单位承担科技计划（专项、基金等）任务和资金使用情况的日常管理和监督。建立科研成果评价监督制度，强化责任；加强对财政科技资金管理使用的审计监督，对发现的违法违规行为要坚决予以查处，查处结果向社会公开，发挥警示教育作用。

（五）建立动态调整机制。

科技部、财政部要根据绩效评估和监督检查结果以及相关部门的建议，提出科技计划（专项、基金等）动态调整意见。完成预期目标或达到设定时限的，应当自动终止；确有必要延续实施的，或新设立科技计划（专项、基金等）以及重点专项的，由科技部、财政部会同有关部门组织论证，提出建议。上述意见和建议经联席会议审议后，按程序报批。

（六）完善国家科技管理信息系统。

要通过统一的信息系统，对科技计划（专项、基金等）的需求征集、指南发布、项目申报、立项和预算安排、监督检查、结题验收等全过程进行信息管理，并主动向社会公开非涉密信息，接受公众监督。分散在各相关部门、尚未纳入国家科技管理信息系统的项目信息要尽快纳入，已结题的项目要及时纳入统一的国家科技报告系统。未按规定提交并纳入的，不得申请中央财政资助的科技计划(专项、基金等)项目。

三、优化科技计划(专项、基金等)布局

根据国家战略需求、政府科技管理职能和科技创新规律,将中央各部门管理的科技计划(专项、基金等)整合形成五类科技计划(专项、基金等)。

(一)国家自然科学基金。

资助基础研究和科学前沿探索,支持人才和团队建设,增强源头创新能力。

(二)国家科技重大专项。

聚焦国家重大战略产品和重大产业化目标,发挥举国体制的优势,在设定时限内进行集成式协同攻关。

(三)国家重点研发计划。

针对事关国计民生的农业、能源资源、生态环境、健康等领域中需要长期演进的重大社会公益性研究,以及事关产业核心竞争力、整体自主创新能力和国家安全的战略性、基础性、前瞻性重大科学问题、重大共性关键技术和产品、重大国际科技合作,按照重点专项组织实施,加强跨部门、跨行业、跨区域研发布局和协同创新,为国民经济和社会发展主要领域提供持续性的支撑和引领。

(四)技术创新引导专项(基金)。

通过风险补偿、后补助、创投引导等方式发挥财政资金的杠杆作用,运用市场机制引导和支持技术创新活动,促进科技成果转移转化和资本化、产业化。

(五)基地和人才专项。

优化布局,支持科技创新基地建设和能力提升,促进科技资源开放共享,支持创新人才和优秀团队的科研工作,提高我国科技创

新的条件保障能力。

上述五类科技计划(专项、基金等)要全部纳入统一的国家科技管理平台管理,加强项目查重,避免重复申报和重复资助。中央财政要加大对科技计划(专项、基金等)的支持力度,加强对中央级科研机构和高校自主开展科研活动的稳定支持。

四、整合现有科技计划(专项、基金等)

本次优化整合工作针对所有实行公开竞争方式的科技计划(专项、基金等),不包括对中央级科研机构和高校实行稳定支持的专项资金。通过撤、并、转等方式按照新的五个类别对现有科技计划(专项、基金等)进行整合,大幅减少科技计划(专项、基金等)数量。

(一)整合形成国家重点研发计划。

聚焦国家重大战略任务,遵循研发和创新活动的规律和特点,将科技部管理的国家重点基础研究发展计划、国家高技术研究发展计划、国家科技支撑计划、国际科技合作与交流专项,发展改革委、工业和信息化部管理的产业技术研究与开发资金,有关部门管理的公益性行业科研专项等,进行整合归并,形成一个国家重点研发计划。该计划根据国民经济和社会发展重大需求及科技发展优先领域,凝练形成若干目标明确、边界清晰的重点专项,从基础前沿、重大共性关键技术到应用示范进行全链条创新设计,一体化组织实施。

(二)分类整合技术创新引导专项(基金)。

按照企业技术创新活动不同阶段的需求,对发展改革委、财政部管理的新兴产业创投基金,科技部管理的政策引导类计划、科技成果转化引导基金,财政部、科技部、工业和信息化部、商务部共同管理的中小企业发展专项资金中支持科技创新的部分，以及其他引导支持企业技术创新的专项资金（基金），进一步明确功能定位并进行分类整合，避免交叉重复，并切实发挥杠杆作用，通过市场机制引导社会资金和金融资本进入技术创新领域，形成天使投资、创业投资、风险补偿等政府引导的支持方式。政府要通过间接措施加大支持力度，落实和完善税收优惠、政府采购等支持科技创新的普惠性政策，激励企业加大自身的科技投入，真正发展成为技术创新的主体。

（三）调整优化基地和人才专项。

对科技部管理的国家（重点）实验室、国家工程技术研究中心、科技基础条件平台，发展改革委管理的国家工程实验室、国家工程研究中心等合理归并，进一步优化布局，按功能定位分类整合，完善评价机制，加强与国家重大科技基础设施的相互衔接。提高高校、科研院所科研设施开放共享程度，盘活存量资源，鼓励国家科技基础条件平台对外开放共享和提供技术服务，促进国家重大科研基础设施和大型科研仪器向社会开放，实现跨机构、跨地区的开放运行和共享。相关人才计划要加强顶层设计和相互之间的衔接。在此基础上调整相关财政专项资金。

（四）国家科技重大专项。

要坚持有所为有所不为，加大聚焦调整力度，准确把握技术路线和方向，更加聚焦产品目标和产业化目标，进一步改进和强化组织推进机制，控制专项数量，集中力量办大事。更加注重与其他科技计划（专项、基金等）的分工与衔接，避免重复部署、重复投入。

（五）国家自然科学基金。

要聚焦基础研究和科学前沿，注重交叉学科，培育优秀科研人才和团队,加大资助力度,向国家重点研究领域输送创新知识和人才团队。

(六)支持某一产业或领域发展的专项资金。

要进一步聚焦产业和领域发展,其中有关支持技术研发的内容,要纳入优化整合后的国家科技计划(专项、基金等)体系,根据产业和领域发展需求,由中央财政科技预算统筹支持。

通过国有资本经营预算、政府性基金预算安排的支持科技创新的资金,要逐步纳入中央公共财政预算统筹安排,支持科技创新。

五、方案实施进度和工作要求

(一)明确时间节点,积极稳妥推进实施。

优化整合工作按照整体设计、试点先行、逐步推进的原则开展。

2014 年,启动国家科技管理平台建设,初步建成中央财政科研项目数据库,基本建成国家科技报告系统,在完善跨部门查重机制的基础上,选择若干具备条件的科技计划(专项、基金等)按照新的五个类别进行优化整合,并在关系国计民生和未来发展的重点领域先行组织 5－10 个重点专项进行试点,在 2015 年财政预算中体现。

2015－2016 年,按照创新驱动发展战略顶层设计的要求和"十三五"科技发展的重点任务,推进各类科技计划(专项、基金等)的优化整合,对原由国务院批准设立的科技计划(专项、资金等),报经国务院批准后实施,基本完成科技计划(专项、基金等)按照新的五个类别进行优化整合的工作,改革形成新的管理机制和组织实施方式;基本建成公开统一的国家科技管理平台,实现科技计划

（专项、基金等）安排和预算配置的统筹协调，建成统一的国家科技管理信息系统，向社会开放。

2017年，经过三年的改革过渡期，全面按照优化整合后的五类科技计划（专项、基金等）运行，不再保留优化整合之前的科技计划（专项、基金等）经费渠道，并在实践中不断深化改革，修订或制定科技计划（专项、基金等）和资金管理制度，营造良好的创新环境。各项目承担单位和专业机构建立健全内控制度，依法合规开展科研活动和管理业务。

（二）统一思想，狠抓落实，确保改革取得实效。

科技计划（专项、基金等）管理改革工作是实施创新驱动发展战略、深化科技体制改革的突破口，任务重，难度大。科技部、财政部要发挥好统筹协调作用，率先改革，作出表率，加强与有关部门的沟通协商。各有关部门要统一思想，强化大局意识、责任意识，积极配合，主动改革，以"钉钉子"的精神共同做好本方案的落实工作。

（三）协同推进相关工作。

加快事业单位科技成果使用、处置和收益管理改革，推进促进科技成果转化法修订，完善科技成果转化激励机制；加强科技政策与财税、金融、经济、政府采购、考核等政策的相互衔接，落实好研发费用加计扣除等激励创新的普惠性税收政策；加快推进科研事业单位分类改革和收入分配制度改革，完善科研人员评价制度，创造鼓励潜心科研的环境条件；促进科技和金融结合，推动符合科技创新特点的金融产品创新；将技术标准纳入产业和经济政策中，对产业结构调整和经济转型升级形成创新的倒逼机制；将科技创新活动政府采购纳入科技计划，积极利用首购、订购等政府采购政策扶持科技创新产品的推广应用；积极推动军工和民口科技资源的互动共享，促进军民融合式发展。

各省（区、市）要按照本方案精神，统筹考虑国家科技发展战略和本地实际，深化地方科技计划（专项、基金等）管理改革，优化整合资源，提高资金使用效益，为地方经济和社会发展提供强大的科技支撑。

国家自然科学基金委员会评审专家行为规范

2014年12月2日国家自然科学基金委员会委务会议通过

第一条　为了加强科学道德建设，维护国家自然科学基金评审工作的公正性和科学性，规范评审专家行为，正确履行评审职责，根据《国家自然科学基金条例》（以下简称《条例》）等有关法律法规，制定本规范。

第二条　本规范所称科学基金项目评审专家包括：

（一）通讯评审专家；

（二）会议评审专家；

（三）项目中期检查、结题审查评审专家；

（四）参与其他评审工作的专家。

第三条　具有评审能力的科技工作者，尤其是承担过科学基金项目的科学技术人员，有义务参加国家自然科学基金委员会（以下简称自然科学基金委）的项目评审，共同维护科学基金项目评审的公正性和科学性。

第四条　评审专家应当严格遵守科学基金管理相关规章制度和评审工作纪律，维护评审专家的名誉和形象，廉洁自律，坚决抵制评审中的各种违法违纪行为和违反科学道德的行为，并自觉接受监督。

第五条　评审专家应当学习和了解科学基金项目指南、相关管理办法、评审标准等，准确把握相关资助政策和评审工作要求，认真、完整地阅读评审材料，避免因了解不全面导致评审偏差。

第六条 评审专家应当认真履行评审职责，根据自然科学基金委的评审要求和个人专业知识，客观、公正地从科学价值、创新性、社会影响以及研究方案可行性等方面进行独立学术判断并提出具体评审意见。严禁请他人代为评审。

评审意见应当明确具体，避免简单化和套话；应当指出项目的优势、不足和改进建议，努力帮助自然科学基金委评审决策和申请人今后改进申请。

评审过程应当注重保护创新和学科交叉，重视或包容不同的研究方法和创新的学术思想，避免对理论和研究方法先入为主的偏见。

第七条 评审专家应当主动回避利益冲突，认真检查自己是否存在需要回避的情形。有下列情形之一的，应当主动、及时提出回避申请，并服从有关安排。

（一）评审专家与申请人、参与者存在近亲属关系的；

（二）评审专家本人同期申请项目与被评审项目相同或者相近的；

（三）评审专家与申请人、参与者属于同一单位的；

（四）评审专家与申请人、参与者过去五年内在科研项目、学术论文等方面有合作关系的；

（五）评审专家与申请人存在研究生师生关系的；

（六）评审专家与申请人师从同一研究生指导教师的；

（七）评审专家参与所评审项目申请的；

（八）评审专家为所评审项目写推荐信的；

（九）评审专家在申请人所属单位担任含薪兼职教授或学者的；

（十）会议评审专家当年在评审项目范围内有申请同类项目的；

（十一）其它利益冲突或可能影响评审公正性的。

第八条　通讯评审专家在接受评审任务前应当仔细阅读全部评审材料。如果认为专业知识不相符、难以做出学术判断或者没有精力评审，应当及时告知自然科学基金委。

第九条　评审专家应当保证有充足时间完成评审工作，在规定的时间内完成评审任务。确因客观原因无法按时完成评审任务的，应当及时告知自然科学基金委。

第十条　评审专家应当尊重申请人，避免对申请人的国籍、性别、民族、身份地位、地域以及所属单位性质等非学术问题提出歧视性或者人身攻击性的评审意见。

第十一条　评审专家应当尊重和保护申请人的知识产权，严禁抄袭、剽窃或者扩散申请书中的内容。评审完毕或者无法评审的，应当及时退回、删除或者销毁评审资料，不得擅自留存。

第十二条　评审专家应当严格保守评审工作秘密，不得披露按要求不能公开的评审专家的基本情况、评审过程中的专家意见、评审结果等评审工作有关信息。

第十三条　评审专家不得利用评审工作便利，为任何单位或个人谋取不正当利益；不得索取或接受申请人、参与者及相关单位的礼品、礼金、有价证券、支付凭证、宴请等不正当利益；不得利用基金项目评审专家身份和影响力参与有偿商业活动。

第十四条　评审工作期间，评审专家不得违规擅自与申请人及利益相关人员联系，不得违规帮助他人游说；不干扰评审工作正常秩序，不从事与评审工作无关的活动。

第十五条 在评审工作中评审专家发现申请人、工作人员或其他评审专家涉嫌存在科研不端行为或违法违纪行为的，应当及时向自然科学基金委举报。

评审专家应当自觉抵制各种干预评审活动的不良行为，如果发现各种“打招呼”等谋取不正当利益的公关活动，应当及时向自然科学基金委反映。

第十六条 评审专家在评审工作中发生违规违法或科研不端行为的，按照《条例》、《国家自然科学基金项目科研不端行为处理办法》等有关规定给予警告、通报批评，取消评审专家资格，直至永不聘任的处理，处理结果记入专家信誉档案。

第十七条 评审专家应当积极配合自然科学基金委对评审工作开展评估，帮助完善评审工作。

第十八条 本规范自2015年1月1日起施行。

国家自然科学基金委员会工作人员职业道德与行为规范

2009年1月5日国家自然科学基金委员会委务会议通过

第一章　总　　则

第一条　为了规范国家自然科学基金委员会(以下简称自然科学基金委)工作人员职业行为,加强职业道德修养,不断提高管理队伍素质,维护国家自然科学基金(以下简称自然科学基金)的公正性,依据《国家自然科学基金条例》等有关法律法规,制定本规范。

第二条　本规范所称的自然科学基金委工作人员,包括在自然科学基金委工作的正式在编人员、兼职人员、流动编制项目主任和兼聘人员。

第三条　自然科学基金委工作人员依法接受自然科学基金委、国家相关行政机关、科技界和社会公众的监督。

第二章　加强学习和职业道德修养

第四条　自觉学习贯彻科学发展观,贯彻国家发展科学技术的方针、政策,准确把握自然科学基金在国家创新体系中支持基础研究、坚持自由探索、发挥导向作用的战略定位,认真执行自然科学基金委尊重科学、发扬民主、提倡竞争、促进合作、激励创新、引领未来的工作方针。

第五条 学习贯彻《中华人民共和国科学技术进步法》、《中华人民共和国公务员法》、《国家自然科学基金条例》等法律法规，增强法治观念，遵守国家法律法规，熟悉并认真执行自然科学基金委各类规章制度，提高依法办事能力，按照规定的权限和工作程序履行职责。

第六条 热爱自然科学基金事业，爱岗敬业，恪尽职守，求真务实，勤政高效，锐意进取，自觉维护自然科学基金的公正性与公信力。

第七条 注重调查研究，及时总结自然科学基金管理经验，研究科学管理规律，不断提高科学素质、政策水平和业务能力。

第八条 贯彻执行党中央、国务院，中央纪委和自然科学基金委的廉政规定，廉洁自律，秉公办事，不以权谋私。

第九条 尊重科学，按科学发展规律办事；依靠专家，坚持公平公正的科学决策；规范管理，贯彻公开透明的管理理念；激励创新，尊重科学家首创精神；热情为科学家服务。营造公正、奉献、团结、创新的工作氛围。

第三章 保障资助公正

第十条 坚持依靠专家、发扬民主、择优支持、公正合理的评审原则，严格执行项目受理、评审、批准等项目管理程序，保证自然科学基金评审工作的公正性和科学性。

第十一条 严格遵守项目申请和评审回避制度。

（一）工作人员不得申请或参加申请项目，正式在编人员在退休或调离2年内也不得申请或参加申请项目；

（二）正式在编人员、流动编制项目主任、兼聘人员回避其近亲及可能影响公正性的项目申请的评审过程管理；

（三）兼聘人员、流动编制项目主任回避其所在单位及兼职单位项目申请的评审过程管理。

第十二条　严格保守国家秘密和工作秘密。

（一）保守国家秘密，严格遵守国家保密法及相关的保密规定，对涉密事项，按照有关规定办理；

（二）严格执行评审过程的保密规定，不得泄露评审专家的基本情况，不得泄露未公开的评审意见等有关信息。非岗位工作需要，不得打听和询问评审专家情况、评审意见等有关信息；

（三）非岗位工作需要或未经上级批准，不得扩散或外传项目申请书和资助项目的研究内容；

（四）妥善保管和使用管理信息，严防工作秘密泄露，与评审有关业务应当在个人专用计算机上处理；

（五）非岗位工作需要或未按程序批准，不得超越职责和规定权限查阅或操作他人评审过程信息。

第十三条　了解本学科领域发展方向与研究队伍，熟悉本学科领域同行评审专家科研背景等基本情况，认真维护专家库，保证信息准确。

第十四条　制定自然科学基金发展规划和年度项目指南，应依据国家科技政策、规划和学科发展态势，广泛征求政府部门、科技界等方面的意见及建议。

第十五条　应按规定时间和程序接收项目申请材料，不得擅自改变接收申请材料的要求，不得违反信息变更审批程序撤回已接收材料或更改项目申请信息。

第十六条 应认真核查申请材料及违规申请检索结果等，正确判断，及时处理。不得受理不符合规定的项目申请，不得因其他原因拒绝受理符合规定的项目申请。

第十七条 应认真审阅项目申请书，客观、公正地选准评审专家，严禁按申请人、参与者或依托单位等建议的专家名单指派评审专家，不得以任何方式干扰评审专家独立做出学术判断。对申请人建议回避的专家应予以考虑。

第十八条 尊重专家评审结果，客观、公正地分析专家评审意见，会议评审项目清单应依据通讯评审意见、资助计划和综合分析情况，并按程序报审。不得以个人观点否定专家评审意见。

第十九条 认真准备会议材料，按标准选聘会议评审专家并按权限审批与备案。精心组织会议评审，保障评审科学、公正、有序、高效进行。会议评审期间不安排与评审工作无关的活动，制止干扰评审的行为。

第二十条 依据会议评审结果，严格按照有关规定和管理程序办理拟资助项目的审批手续。不得改变专家评审结果，不得提供失真信息，不得擅自改变委务会审批结果。

第二十一条 按照规定对资助项目实施过程管理，按时办理各类管理手续，主动协调解决问题，并依法指导、监督依托单位对资助项目实施和经费使用的规范管理。

第二十二条 认真审核资助项目进展报告、中期检查结果、结题报告等，及时办理手续。对发现的问题及时按规定处理，不得拖延或违规处理。

第二十三条　重视成果管理，跟踪研究进展，注重绩效分析，加强成果宣传。对成果宣传材料，应认真核实，按照程序办理。

第二十四条　认真整理资助项目的申请、评审、年度进展报告和结题报告等材料，及时归档，健全项目档案，并遵守档案保管、查阅和使用规定。

第二十五条　依法保护申请者权益，按规定受理复审申请并及时公正处理，发现错误应予纠正，不得拒绝受理或拖延、推诿处理符合条件的复审申请。

第四章　加强组织纪律

第二十六条　遵照民主集中制的原则，分工负责，顾全大局，团结协作，重大事宜应经集体讨论，民主决策。

第二十七条　认真执行上级和组织决定，做到令行禁止，循章办事。对上级和组织决定有意见时，应按照组织程序提出，在执行过程中不得推诿、拖延或擅自改变决定。

第二十八条　自觉遵守请销假制度，积极主动工作，注重工作效率，提高工作质量，加强沟通协作。说实话、报实情、办实事、讲实效，杜绝办事拖拉、推诿扯皮，严禁工作懈怠、态度恶劣等不良行为。

第二十九条　在外事活动中，严格遵守外事纪律，不得有损害国家形象、国家利益、民族尊严、自然科学基金委形象和利益的言行；因公出访注重实效，不得在因公出访期间进行公费旅游。

第五章　保持清正廉洁

第三十条　诚实守信，模范遵守社会公德，不得组织或参与有损于公共秩序和公众利益的活动，不得做任何有可能影响自然科学基金委形象和公正履行职责的行为。

第三十一条　廉洁自律，不得接受依托单位、受资助者和申请者的礼金、各种有价证券和贵重物品，不得参加依托单位、受资助者和申请者安排的旅游及各种高消费娱乐活动，不得私自在依托单位报销任何费用。

第三十二条　不得加入营利性社团组织、企业；不得参加借自然科学基金委影响力组织的营利活动。正式在编人员不得兼任依托单位的专业技术职务和行政职务。

第三十三条　不得在项目的申请、评审、检查、验收、考察调研以及到依托单位介绍自然科学基金管理工作等公务活动中收取个人报酬。

第三十四条　接受新闻媒体采访或在新闻媒体发表言论，应把握政策，遵守宣传纪律并按照程序报批。

第三十五条　离开自然科学基金委工作岗位后，注意个人言行，自觉维护自然科学基金的公正性和公信力。

第三十六条　按照有关规定和程序受理对自然科学基金项目学术不端行为、资助经费使用不当和对工作人员违规等行为的举报，有关部门和人员应积极配合，认真核查，秉公办理，并为举报人保密。

国家自然科学基金地区联络网管理实施细则

2015 年 7 月 7 日国家自然科学基金委员会委务会议通过

第一条　为加强国家自然科学基金委员会(以下简称自然科学基金委)与依托单位的工作联系,充分发挥国家自然科学基金地区联络网(以下简称地区联络网)的作用,促进沟通交流,提高国家自然科学基金(以下简称科学基金)管理水平,依据《国家自然科学基金依托单位基金工作管理办法》,制定本细则。

第二条　地区联络网是自然科学基金委指导下所在地区依托单位之间的联络组织。

依托单位以所在省(自治区、直辖市)为地域范围成立地区联络网并开展活动,原则上每省(自治区、直辖市)设立 1 个地区联络网,依托单位是所在地区联络网的成员单位。

每个地区联络网设组长单位 1 个,组长单位负责组织开展地区联络网活动,依托单位应当参加本地区联络网活动。

第三条　地区联络网承担如下任务:

(一)开展科学基金管理工作的交流与研讨;

(二)提供科学基金管理方面的业务培训和咨询服务;

(三)反映对科学基金工作的意见和建议;

(四)协助完成自然科学基金委委托的其他相关工作。

第四条　自然科学基金委在地区联络网管理中履行下列职责:

（一）指导地区联络网开展相关活动；

（二）提供地区联络网活动经费；

（三）监督地区联络网活动及经费使用情况。

第五条　组长单位应当定期组织开展本地区联络网活动，每年活动次数一般不少于2次。

组长单位应于每年1月30日前向自然科学基金委报送本地区联络网当年度活动计划和上年度活动情况总结。

第六条　地区联络网按西北、东北、华北、华东、中南、西南划分为六个片区，每个片区一般两年举办一次片区会议，集中开展培训、研讨及交流等活动。

片区会议由相关地区联络网轮流主办，主办片区会议的地区联络网组长单位应当将其纳入本地区联络网活动计划中。

第七条　地区联络网活动经费来源于自然科学基金委项目组织实施费。自然科学基金委根据年度部门预算、各地区联络网活动、各地区联络网经费预算和使用等情况对地区联络网活动经费进行分配，核拨至各地区联络网组长单位。

第八条　各地区联络网组长单位根据本地区联络网成员数及当年度活动计划提出本地区联络网活动经费预算，于每年1月30日前报自然科学基金委；同时报送上年度经费决算。

组长单位应当在本地区联络网成员单位中通报活动情况和经费使用情况。

第九条　地区联络网经费开支范围包括：会议费、培训费、差旅费、劳务费和其他费用。其中会议费、培训费、差旅费分别按照《中央和国家机关会议费管理办法》（财行［2013］286号）、《中央和国家机关培训费管理办法》（财行［2013］523号）、《中央和国家机关差旅费管理办法》（财行［2013］531号）的相关规定进行预算和支出；劳务费按自然科学基金委副高级职称聘用人员的聘金标准，根据各地区联络网成员数（上限不超4个人/月）核定。

第十条　各地区联络网活动经费应当专款专用，不得超预算支出，结余经费结转下年继续使用。

地区联络网活动经费不得用于与地区联络网无关的活动；不得利用地区联络网开展营利性活动。

第十一条　地区联络网组长单位由全体成员单位民主选举产生，每4年改选1次，可连选连任。组长单位名单应当报自然科学基金委备案。

组长单位应当支持地区联络网的工作，为地区联络网开展工作提供相关保障，并将地区联络网工作纳入本单位工作计划。组长单位应选派组织能力强、热心社会工作、具有一定自然科学基金管理经验的人员负责地区联络网的工作。

第十二条　自然科学基金委鼓励地区联络网与本省（直辖市、自治区）地方自然科学基金管理机构加强沟通与联系。

第十三条　自然科学基金委定期对工作突出的地区联络网进行表彰。

自然科学基金委对于活动组织不力、经费使用不当、未按时提交地区联络网活动情况和经费使用报表的地区联络网组长单位，应当责令限期改正，对于情况严重者可建议重新选举地区联络网组长单位。

第十四条　本细则自2015年7月10日起施行。

国家自然科学基金依托单位注册管理实施细则

2015 年 7 月 7 日国家自然科学基金委员会委务会议通过

第一章　总　　则

第一条　为了规范和加强国家自然科学基金依托单位(以下简称依托单位)注册管理工作,根据《国家自然科学基金依托单位基金工作管理办法》,制定本细则。

第二条　与依托单位注册、变更和注销等有关的活动适用本细则。

第三条　国家自然科学基金委员会(以下简称自然科学基金委)实施依托单位注册管理,遵循公开、公平、公正和方便申请单位或依托单位的原则。

第四条　自然科学基金委在依托单位注册管理中履行下列职责:

(一)受理和审查依托单位注册、变更以及注销申请;

(二)决定依托单位注册、变更以及注销;

(三)公布依托单位名称;

(四)其他与依托单位注册管理相关的工作。

自然科学基金委计划管理部门具体负责依托单位注册管理工作的组织实施。

第五条　单位申请注册和依托单位信息变更或注销,应当向自然科学基金委提供真实、准确、合法、有效的信息和材料，但不得提交涉密信息和材料。

第二章　注　　册

第六条　中华人民共和国境内的高等学校、科学研究机构以及其他公益性机构，符合下列条件的，可以向自然科学基金委申请注册为依托单位：

（一）具有独立法人资格；

（二）业务范围中具有科学研究的相关内容；

（三）具有从事基础研究活动的科学技术人员；

（四）具备开展基础研究所需的条件；

（五）具有专门的科学研究项目管理机构和制度；

（六）具有专门的财务机构和制度；

（七）具有必要的资产管理机构和制度。

第七条　自然科学基金委每年一次集中受理依托单位注册申请，受理注册通知应当在受理申请起始之日30日前公布。

对因国家经济、社会发展特殊需要或者其他特殊情况需要注册为依托单位的，自然科学基金委根据需求按程序受理注册申请。

第八条　注册程序包括预申请、正式申请、受理、形式审查、基础研究及管理能力审查、决定、结果公布与通知。

第九条　申请单位应当于申请受理期内在线进行注册预申请，提交单位名称、组织机构代码、联系信息。中国人民解放军、中国人民武装警察部队所属机构，可以不提交组织机构代码信息。

注册单位名称应当与单位公章一致。申请单位一般应当使用独立法人资格证书上的第一名称作为注册单位名称。

自然科学基金委应当自收到注册预申请后2个工作日内完成审查。对于符合如下条件的预申请,予以通过,对于不予通过的在线反馈原因:

(一)具有独立法人资格;

(二)公益性机构;

(三)业务范围中具有科学研究的相关内容;

(四)单位名称和组织机构代码信息准确。

申请单位应当及时在线查看预申请审查结果。预申请通过的申请单位可提出注册正式申请。

第十条 申请单位提出注册正式申请,应当在申请受理期内向自然科学基金委提交如下申请材料:

(一)国家自然科学基金依托单位注册申请书(以下简称注册申请书);

(二)独立法人资格证书副本的复印件;

(三)组织机构代码证书的复印件;

(四)银行账户开户许可证的复印件;

(五)其他需要提交的附件材料。

前款第(一)、(二)、(三)、(四)项须加盖本单位公章。中国人民解放军、中国人民武装警察部队所属机构,不能提交前款中第(二)、(三)项材料的,需提供师级以上上级管理机关对该单位是否从事科学研究的证明原件。

自然科学基金委对于在申请受理期内提交的正式申请材料,予以受理。

第十一条　自然科学基金委应当自收到受理的注册正式申请材料之日起 15 日内完成初次形式审查。对于符合本细则第五和十条的要求的,形式审查予以通过;有下列情形之一的,应当在线反馈原因并告知申请单位在规定期限内一次性修改或补齐:

(一)申请材料不齐全的;

(二)注册申请书信息不准确的;

(三)申请材料含无效材料的;

(四)加盖公章不符合要求的。

申请材料修改或补齐后,申请材料仍不符合本细则第五和十条要求的,不予通过。

第十二条　自然科学基金委应当按照本细则第六条第(三)、(四)、(五)、(六)、(七)项的要求,对通过形式审查的申请材料进行基础研究及管理能力的审查。

第十三条　自然科学基金委应当根据注册正式申请材料形式审查结果、基础研究及管理能力审查情况,于申请受理截止日起 60 个工作日内做出决定。

自然科学基金委决定予以注册的,应当书面通知申请单位并公布依托单位的名称;决定不予注册的,应当书面通知申请单位并说明理由。

第十四条　自然科学基金委对于申请单位的注册申请必要时也可以采取实地审查的方式。申请单位应当积极配合自然科学基金委的实地审查工作。

第十五条　因依托单位分立新设立的单位,申请注册的,应当按照本细则的程序进行注册。

第三章　依托单位信息变更

第十六条　依托单位信息变更程序包括申请、审查、决定、通知。

第十七条　依托单位出现下列情形之一，应当自该情形发生之日起 60 日内向自然科学基金委提出书面变更申请：

（一）依托单位名称、联系信息、银行账户信息等基本信息变更；

（二）法人类型发生变更；

（三）因法人合并、分立等发生变更；

（四）其他需要变更的情形。

第十八条　依托单位申请信息变更，应当向自然科学基金委提交电子和纸质依托单位注册信息变更申请表（以下简称变更申请表），但仅变更联系信息、法定代表人姓名的，只需提交电子变更申请表。

因变更事项的不同，还应当提交其他相应纸质附件材料：

（一）变更依托单位名称、机构类型、单位性质的，提交独立法人资格证书副本的复印件、组织机构代码证书的复印件、上级管理机关批准文件的复印件；

（二）变更住所、上级主管单位、隶属关系的，提交独立法人资格证书副本的复印件；

（三）变更组织机构代码的，提交组织机构代码证书的复印件；

（四）变更开户单位名称、开户银行名称、账号的，提交开户许可证的复印件。

变更提交的纸质材料（含复印件）须加盖本单位公章。中国人民解放军、中国人民武装警察部队所属机构，变更前款第（一）、（二）项所列事项的，可不提交其中所列材料，但应在相应纸质变更申请表上加盖师级以上上级管理机关公章确认。

有关变更申请材料的详细要求见附表。

第十九条　依托单位名称变更应当符合本细则第九条第二款的规定。

第二十条　自然科学基金委对于依托单位提交的变更申请材料进行审查，变更申请材料有下列情形之一的，应当告知依托单位修改或补齐：

（一）申请材料不齐全的；

（二）变更申请表信息不准确的；

（三）申请材料含无效材料的；

（四）加盖公章不符合要求的。

自然科学基金委应当自收到符合要求的变更申请材料之日起45日内完成审查并作出决定。

自然科学基金委决定予以变更的，应当及时书面通知依托单位；决定不予变更的，按照本细则第二十一条规定处理。本细则实施前已注册的依托单位，如提交符合要求的变更申请材料，自然科学基金委应当予以变更。

第四章　依托单位注销与资格自动终止

第二十一条　依托单位出现下列情形之一，自然科学基金委可以予以注销：

（一）依托单位提出注销申请的；

（二）不再符合本细则第六条规定的；

（三）受到自然科学基金委 3－5 年不得作为依托单位处罚的；

（四）自然科学基金委对其变更申请决定不予变更的。

发生前款第（三）项情形的，处罚期满后可以按照本细则相关规定重新申请注册。

第二十二条 依托单位申请注销，应当向自然科学基金委提交说明注销原因的公函；如因依托单位合并导致注销的，公函需加盖涉及的所有依托单位公章，还应当提交上级管理机关批准文件的复印件。

第二十三条 自然科学基金委核准依托单位注销或直接做出注销决定后，应当及时公布被注销依托单位的名称。

第二十四条 依托单位连续 5 年未获得国家自然科学基金资助的，其依托单位资格自动终止。自然科学基金委应当在其资格终止之日 30 日前告知依托单位。

第五章 监督与处罚

第二十五条 任何单位或个人发现申请单位在申请注册或依托单位在申请变更或注销过程中有违法行为，可以向自然科学基金委举报。

第二十六条 申请依托单位注册或者变更时有以下情形之一的，自然科学基金委应当予以警告：

（一）以隐瞒有关情况、提供虚假材料等不正当手段申请注册的；

（二）以隐瞒有关情况、提供虚假材料等不正当手段取得注册的；

（三）未在发生变更情形60日内向自然科学基金委提出书面变更申请的。

有前款第（一）项情形的，不予注册；有前款第（二）项情形的，注销其依托单位资格。

第六章　附　　则

第二十七条　注册申请书和变更申请表，应当使用自然科学基金委提供的纸质和电子格式文本。

第二十八条　本细则中的上级管理机关是指举办单位、上级主管部门或上级业务主管部门等组织或机构。

第二十九条　本细则自2015年7月10日起施行。

附表　单位信息变更申请材料一览表

<table>
<tr><th rowspan="2">变更内容</th><th rowspan="2" colspan="2">变更信息</th><th>电子申请材料</th><th colspan="2">纸质申请材料</th></tr>
<tr><th>电子申请表</th><th>纸质申请表*</th><th>附件材料**</th></tr>
<tr><td rowspan="9">单位基本信息</td><td rowspan="5">单位法人信息</td><td>单位名称</td><td>需提交</td><td>需提交</td><td>法人证书副本、组织机构代码证书、上级机关文件复印件</td></tr>
<tr><td>法定代表人</td><td>需提交</td><td>不需提交</td><td>不需提交</td></tr>
<tr><td>住所</td><td>需提交</td><td>需提交</td><td>法人证书副本复印件</td></tr>
<tr><td>上级主管单位</td><td>需提交</td><td>需提交</td><td>法人证书副本复印件</td></tr>
<tr><td>隶属关系</td><td>需提交</td><td>需提交</td><td>法人证书副本复印件</td></tr>
<tr><td>组织机构代码信息</td><td>组织机构代码</td><td>需提交</td><td>需提交</td><td>组织机构代码证书</td></tr>
<tr><td rowspan="3">法人类型</td><td>机构类型</td><td>需提交</td><td>需提交</td><td>法人证书副本、组织机构代码证书、上级机关文件复印件</td></tr>
<tr><td>单位性质</td><td>需提交</td><td>需提交</td><td>法人证书副本、组织机构代码证书、上级机关文件复印件</td></tr>
<tr><td>本单位相关条件</td><td>需提交</td><td>需提交</td><td>法人证书副本、组织机构代码证书、上级机关文件复印件</td></tr>
<tr><td rowspan="3">银行开户信息</td><td colspan="2">银行开户单位名称</td><td>需提交</td><td>需提交</td><td>开户许可证复印件</td></tr>
<tr><td colspan="2">开户银行</td><td>需提交</td><td>需提交</td><td>开户许可证复印件</td></tr>
<tr><td colspan="2">账号</td><td>需提交</td><td>需提交</td><td>开户许可证复印件</td></tr>
<tr><td>联系信息</td><td colspan="2">科研管理部门地址、基金管理联系人等</td><td>需提交</td><td>不需提交</td><td>不需提交</td></tr>
</table>

续表

变更内容	变更信息	电子申请材料	纸质申请材料	
		电子申请表	纸质申请表 *	附件材料 **
法人合并	合并后名称为其中一依托单位的名称	需提交	需提交	上级机关文件复印件，本单位公函
	合并后名称变更为新名称的，将其中一依托单位的名称变更为合并后的名称	需提交	需提交	法人证书副本、组织机构代码证书、上级机关文件复印件

注：* 依托单位须加盖本单位公章；

** 所有纸质附件材料均需加盖本单位公章。

图书在版编目(CIP)数据

国家自然科学基金规章制度汇编/国家自然科学基金委员会编. —北京:法律出版社,2016.2
ISBN 978-7-5118-9187-7

Ⅰ. ①国… Ⅱ. ①国… Ⅲ. ①中国国家自然科学基金委员会—规章制度—汇编 Ⅳ. ①N12

中国版本图书馆CIP数据核字(2016)第038107号

国家自然科学基金规章制度汇编
国家自然科学基金委员会 编

编辑统筹 法商出版分社
策划编辑 薛 晗
责任编辑 薛 晗 慕雪丹
装帧设计 汪奇峰

出版 法律出版社
总发行 中国法律图书有限公司
经销 新华书店
印刷 固安华明印业有限公司
责任印制 翟国磊

开本 720毫米×960毫米 1/16
印张 20
字数 218千
版本 2016年2月第1版
印次 2016年2月第1次印刷

法律出版社/北京市丰台区莲花池西里7号(100073)
电子邮件/info@lawpress.com.cn
网址/www.lawpress.com.cn
销售热线/010-63939792/9779
咨询电话/010-63939796

中国法律图书有限公司/北京市丰台区莲花池西里7号(100073)
全国各地中法图分、子公司电话:
第一法律书店/010-63939781/9782
重庆公司/023-65382816/2908
北京分公司/010-62534456
西安分公司/029-85388843
上海公司/021-62071010/1636
深圳公司/0755-83072995

书号:ISBN 978-7-5118-9187-7
定价:78.00元
(如有缺页或倒装,中国法律图书有限公司负责退换)